JN067964

きのこと動物

森の生命連鎖と
排泄物・死体のゆくえ

相良直彦

築地書館

口絵

1．ナガエノスギタケから探知されたコウベモグラの巣[204]

きのこからモグラの排泄所跡、さらに巣の所在をつきとめ、巣に住むモグラ（巣立ち直前の幼体）を捕らえた

T：坑道、L：排泄所跡（菌糸と樹木細根の増殖部）、N：巣、E：巣の入り口

4章2節4項

2．アカヒダワカフサタケの下から掘り出されたネコの死骸（墓）[117]

5章1節2項

3．アシナガヌメリ（矢印のほか3個）から見出されたクロスズメバチの巣跡[130]

6章1節1項

1
T
E
N
L
2
3

4．森林においてモグラ類は、住者個体は替わりながら、長期にわたって同じ場所で営巣をくりかえすことが、ナガエノスギタケの観察からわかった(201·205·206)。ここでは、17年を空けて、同じ地点にこのきのこが発生し、コウベモグラの巣が存在した（未発表）。20年以上にわたってほぼ連続的に同じ地点で営巣が行なわれた例もある

4章2節4項

はじめに

本書は一九八九年に出版された「きのこの生物学シリーズ」のひとつ『きのこと動物——ひとつの地下生物学』に新規の章を加えた新訂版である。

この本はどこから読んでいただいてもよいが、構成は次のようになっている。

1~3章では、動物ときのこのとの関係を〈食う・食われる〉の観点からみる。菌食の意味やきのこの見方について議論を深めたい。その中の2章では昆虫と菌類の共生もあつかう。ここであつかうほかにも共生現象は存在する[28]けれども、その菌類は「きのこ」の範囲をはずれるのでふれない。同じ理由で、水生動物と菌類との関係にもふれない。かといって、「きのこ」の範囲をはずれることをすべて排除したわけではない(4~8章についても同じ)。この、本書の前半部分は、元来私の関心外だったので、消化不良のところがあると思う。

4~6章では、動物の生活の後始末、すなわち排泄物や死体の分解と菌類との関係をみる。4章2節以降6章の終わりまでは、ほとんど私自身の研究紹介のようになる。その部分は、一九六五年以降に見出されたことで、私の研究以前にはほとんど知られざる世界であった。素朴で、一九世紀までにわかっていてしかるべき話ばかりだと思われるかもしれないが、これが菌類をめぐる学問ないし地下生物学の現実である。ひとつの菌類生態学的研究がどのように行なわれたかもみていただけるのではないかと思う。

7章では、複雑にからみ合う自然を、共生、菌食、窒素などの面から再度のぞいてみる。力不足ではあるけれども、生きものはいうにおよばず倒木や糞にいたるまでの、すべての存在の尊さを感じとっていただけるのではないかと思う。ヒトの影響についてはふれないけれども、ヨーロッパではそれによって絶滅に瀕している菌類があるという議論が起こっている。

7章までのごくおおまかな輪郭は「きのこの生物学シリーズ」の監修者小川真氏によって示唆された。章の見出しのうち、「けものときのこ」と「昆虫ときのこ」は同氏の言葉そのままである。ほかの章は氏に示唆されたものよりふくらんだり、新設されたりしている。

登場する生物のうち、重要なものやまぎらわしいものには学名を添えた。索引の便のためでもある。和名は、使用例が見つかり次第それを用いた。とりあえず仮称をつくった場合もある。

文献は原典に当たってそれを引用すべきであるが、総説や解説をみることですませたところがある。「文献は原典に当たれ」と自らも言っておきながら面目ない。

間違いや誤解があると思う。御指摘いただければ幸いである。

新訂版刊行にあたっては、旧版の明らかな間違い、文章のぎこちないところ、誤解をまねきやすいところなどを直した。学名は基本的になるべく現行のものに変えた。ただし、「接合菌」「不完全菌」というまとめは残した。1～3章については、その後の研究の進展を追跡していなかったので、改訂はできなかった。4章以降の、自分の専門のところは補足したいことがたくさん生じていて、それらは「補記」として各章末にまとめた。それでも、すべての展開を紹介できたわけではない。登場者の所属などは当時のままにしてある。

8章として、旧版刊行後に発表した短篇のいくつかを加筆・修正のうえ収載し、また新稿一篇を加えた。「菌類生態学 考」は、当時の雑誌の編集者から「菌類生態学とは何か」という理解しがたい課題を与えられ、苦しまぎれに書いたものである。「ヒトと発酵――『ジュースパン』」は私と酵母との淡いかかわりである。「きのこと動物」という主題の中では取りあつかわなかったけれども、ヒトは菌類を利用する。そして発酵に出会ったときに、不思議な力が生ずる。そのことにふれたかった。故上田俊穂氏追悼記事は、本書の相当部分を占めるナガエノスギタケ研究が、いかに他人様（ひとさま）の支援を受けたか、また難所でも行なわれたかを知っていただきたくて収載した。「モグラは森の生物だ」は、きのこ―モグラ学（きのこを手がかりにしたモグラ研究）から生まれた私のモグラ観である。新稿「鑑識菌学への試み――チベットかぶれのなれの果て」は、新訂版のあとがきのつもりで書いたものである。

引用文献の追加分は巻末にまとめ、旧版につづけて通し番号をつけた。したがって、著者名のアルファベット順は追加分で独立している。

二〇二一年一月

相良直彦

目次

6章　廃巣ときのこ……161

1章 けものときのこ

1――けものがきのこを食う

(1) リスの菌食

「リスがきのこをくわえているところをはじめて見ましたよ！」

きのこの研究にぬきんでて豊富な経験をもつ本郷次雄先生が、何年か前、めずらしく童心と興奮をまじえて語っていた。リスがきのこを食べることは菌類学や動物学では古典的に有名であるが、それを日本で見るのはたいへんむずかしく、私もまだ見たことがない。けれどもつい最近、カナディアン・ロッキーのふもとで、木の枝の上に点々と、しかし多量に貯えられたきのこに遭遇した（図1）。

一九八六年一一月下旬、カナダの大地はもう凍っていた。「山と森林を見たい」という希望に応じて、カルガリー大学のヴィッサー氏（S.Visser）は私をロッキー山脈東面の山麓へ連れて行ってくれた。軽

図1　リスによってトウヒの枝の上に貯えられたきのこ。カナダ、アルバータ州にて

い吹雪の中を山に向かって走り、「この車ではここが限界」というところで車を降りた。雪に足をとられながら林に入り、そこの自然をできるだけ自分の理解のもとに置きたいと神経を集中しはじめていた。「木の枝の上にきのこが！……リスのしわざだわ」という彼女の声にハッとして見ると、あるある！ 予期していなかった私は、旅心と日本での現実——帰国後早々にこの本を書かなければならなかったのだ——のはさみ打ちに会ってあわてた。

トウヒの、ほぼ水平にひろがった枝々に、チチタケ属のきのこが乗っていた。ほとんど原形のまま乾いて凍り、その上に新雪が冠(かぶ)ってなかなか風雅な光景であった。見上げると、木の中段に小枝を集めて丸くつくった巣もあった。そこから、なにやら騒々しい人間に驚いたアメリカアカリス（*Tamiasciurus hudsonicus*）が逃げ出した。しかしやがて戻ってきて、けたたましく「キキキキー」と威嚇音を発した。

カルガリー大学に戻ってダニエルソン氏（R. M. Danielson）に聞くと、リスはチチタケ属のほかベニタケ属、ヌメリイグチ属、アカヤマタケ属などのきのこを貯えるという。

「余談だが、リスが貯えたきのこをカケス（鳥の一種）が持ち去るのを見たことがあるよ」

と彼は言った。

マイコファギー（mycophagy、菌食）あるいはマイコファギスト（mycophagist、菌食者）という言葉はもうかなり古い歴史をもつようだ。リスの菌食については、動物学者ではシートン（E.T.Seton）、菌学者ではブラー（A. H. R. Buller）という両大家が書いている。

シートンの原著が手に入らないので、ブラーが引用したもの[19]からすこし孫引きしてみよう。

「冬における第二の食料源はきのこ、主としてベニタケ属のきのこである。もしきのこがほかの食料（球果など）と同様な方法で貯えられると、食べられる前に疑いなく腐るだろう。リスはきのこを、ありうる唯一の方法で、すなわち樹木の分岐した枝に貯える。ここではきのこは雪に覆われることなく、シカや野ねずみに盗まれることもなく、さらに、必要となるまで腐らずに良い状態で残る」

シートンは樹枝上への貯えを「唯一の方法」と考えていたが、ブラーによると、樹上の穴（キツツキの穴や空洞）、古い鳥の巣（なかんずくカラスの巣）、使用されていない建造物などにも貯える。この場合は、樹枝上貯蔵の場合と異なり、大量にまとめて貯えられる。一例では一一六個のきのこがまとまっていた。カナダの低温と乾燥した空気のもとでは、これでもそのきのこが腐ったりはなはだしくかびにまみれたりはしない。

図２　リス（？）がアカショウロを掘り取った跡（矢印）とアカショウロ（中央貼り込み×0.8）

では、リスは貯えたきのこを冬のあいだにほんとうに食べるのだろうか。ブラーは知人による次のような観察を引用して、「食べる」と言っている。

「一九一八年の一〇月、私の屋敷内にある木の一本に、アカリスがきのこを運びあげるのを見ました。きのこは、ひだが下を向くように小枝のあいだに置かれました。……そして、やってきた冬のあいだ、リスがこれらの乾いたきのこを食べるのをくりかえし見ました。……結局、真冬の寒波のあいだに、残っていたきのこはすべて木から消え失せて、このあとリスは戻ってきませんでした」

スウェーデンの一例では、三月というきのこの生えない季節のキタリス（*Sciurus vulgaris*）の胃の中に四五・四グラム（湿重）のきのこがあった[42]。

これまで「貯食」について述べてきたが、リスはもちろん生(なま)の新鮮なきのこも食べる。ブラーは、アメリカアカリスが一〇月にナラタケを食べるのを目撃し、一一月にシロタモギタケを食べるのを目撃している。ホール氏[43]によると、夏のあいだ野外の柵内に放し飼いにされたカイバブリス（*Sciurus aberti kaibabensis*）は、きのこが与えられるとほかの餌は無視してそれを食べた。野生下の彼らは、盛夏にはショウロ様(よう)の地下生菌*Gautieria*をおもな餌としている。ＮＨＫ特集「秘境 興安嶺をゆく（２）」（一九八八年七月二五日放送）では、キタリスがベニテングタケのようなきのこを食べていた。

　日本についてみると、エゾリス（*Sciurus vulgaris orientis*）、ニホンリス（*Sciurus lis*）がきのこを食べることが観察されている[1・62]。しかし量は多くはないようだ。移入されたタイワンリス（*Callosciurus* sp.）もまれに食べる[106]。シマリス（*Eutamias sibiricus lineatus*）ではきのこ食は報告されていない。ただし、アメリカのシマリスはよく食べる[102・150]。たぶんニホンリスだと思うが、マツ林のアカショウロ（*Rhizopogon succosus*）を食うやつがいる（図２）。このきのこは落葉層の中に生えるからふつうには見えないけれど、掘り取られた穴と食べかすとから、

「ああ、今、あのきのこの季節なんだな」

とわかる。

(2) モモンガの菌食

アメリカには「パシフィック・ノースウェスト」(Pacific Northwest、太平洋岸北西部)というきまり文句があるらしい。日本で、山陰地方、山陽地方と言うようなものだろう。欧米旅行の途次、氷雪に覆われたグリーンランドの上を飛び、薄茶色に枯れたカナダの平原からオレゴン州コーバリス(Corvallis＝「谷の中心」の意)にやってきた私には、そこは心なごむ「グリーンランド」だった。

しかし、山には奇妙な色があった。一二月なので落葉樹はほとんど裸になっていたが、その木々が枝いっぱいに青白い花をつけているようだった。ところによっては全山花ざかりという感じ。近づくと、それはサルオガセ類(*Usnea* spp.)などの地衣(菌類と藻類の共生体)だった(図3)。そうだ、地衣林とでも言うべきものなのだ。地衣は、落葉樹だけでなく常緑の針葉樹にもぶら下がっていた。この地方は森林もまたよく発達している。日本に「米松」という名で輸入されているダグラスファー(*Pseudotsuga menziesii*、トガサワラのなかま)を中心とし、ウェスターン・ヘムロック(*Tsuga heterophylla*、ツガのなかま)などが混じる大針葉樹林帯である。ここは日本の林業を圧迫しているひとつの「外材」産地でもあるのだった。

この地帯にオオアメリカモモンガ(*Glaucomys sabrinus*)が住んでいる。メイザー氏ら[78,81]が調べたところ、オレゴン州北部では、このモモンガの胃内容物の九〇～一〇〇%がきのこと地衣であった。地衣もその構成主体は菌糸であるから、このモモンガは本来菌食者であると言えよう。食べられたきのこの大

図3
モモンガの餌や巣材となる地衣が発達した森林。アメリカ、オレゴン州にて。地衣は樹々に付着し、またはぶら下がっている(矢印)。左下は木材搬出トラック

部分は地下生菌（地表下に子実体をつくる菌類の総称）で、オレゴン州東北部では七～一〇月にはこれがおもな食物であった。モモンガは地中のきのこを匂いで見つけるのである。冬期は地衣への依存度が高く、同地方では一二月から六月まで地衣の一種 *Bryoria* （*Alectoria*） *fremontii* が主要な食物になっており、同時に唯一の巣材でもあった。

メイザー氏らはさらにオレゴン州南部で、季節によって食べられる菌の種類の変化を調べた。今度は糞の中に含まれる胞子から、菌の種類を同定した。その結果、食べられた菌の種類は、それぞれの季節に得られる菌の種類とほぼ対応しており、合計して地下生担子菌九属、同子嚢菌一〇属、同接合菌一種が認められた。

ところで糞の中に胞子が存在するということは、モモンガが胞子の散布者（夜行性であるゆえに夜間における散布者）になることを意味している。

食べられ、散布される菌は、モモンガの住み処となる木の根にまとわりついて生活するもの――「菌根」を形成して生活する「菌根菌」（7章1節1項）――であり、その木を育てる働きもしている（それらの菌がいなかったら木は育たないと考えられている）。つまり、モモンガは、その森林の成立に分かちがたく結びついていると言える。この点については7章でさらにふれる。

この研究にはおまけもついていた。メイザー氏は動物学者としてかつてヤマネコとコヨーテを研究したとき、その糞の中にモモンガの遺骸を見出した。それは謎だった。なぜならモモンガは木の上に住んでおり、ヤマネコやコヨーテはモモンガを捕らえられるほど木登りはできないからだ。とすればモモンガは地上に降りてしばらく時間を過ごしたに違いない。ではなぜ降りたのか。それはショウロ類に誘われたためだろう。彼らの消化管を調べたところ、夜間に木を離れてショウロ掘りをしたことがわかった[15]。

北海道のエゾモモンガ（*Pteromys volans orii*）では菌食は確認されておらず、東北以南のニホンモモンガ（*Pteromys momonga*）についても未調査という（目黒誠一氏私信）。ムササビについても菌食は報告されていない。

(3) ネズミの菌食

前項と同じ地域、すなわちアメリカの「太平洋岸北西部」に、カリフォルニアヤチネズミ（*Myodes californicus*）が生息している。この動物もきのこと地衣を主食にしている。ユアーとメイザー氏の研

表1　オレゴン州海岸山脈中部におけるカリフォルニアヤチネズミの食餌[155]

食品項目	月												
	1(10)	2(6)	3(6)	4(10)	5(10)	6(5)	7(12)	8(6)	9(7)	10(12)	11(11)	12(20)	平均
地下生菌													
担子菌	74.0	45.6	78.0	74.4	80.0	79.6	88.5	93.6	94.2	49.3	96.3	91.6	78.8
子嚢菌	7.5	3.6	1.2	0.4	1.5	1.4	0.7	T	2.5	6.2	0.2	2.2	2.3
接合菌	T	–	–	0.1	0.2	0.1	0.9	–	0.2	0.4	1.1	1.9	0.4
地表生菌	9.8	14.1	0.1	0.2	0.7	–	T	–	–	23.4	–	1.5	4.2
地衣	5.9	32.3	20.6	24.9	12.3	18.8	9.2	5.8	0.1	20.1	0.4	2.3	12.7
緑色植物	2.4	1.0	T	–	3.0	0.1	0.5	0.3	0.3	0.1	2.0	0.3	0.8
種子	T	3.3	–	–	–	–	–	0.1	2.6	0.3	–	0.1	0.5
動物	0.3	–	–	–	2.2	–	0.2	0.1	–	0.1	–	T	0.2
同定不能	–	T	–	–	T	–	–	T	T	T	–	–	T

月欄（　）内は標本数。表の数値は胃内容物の容量比（%）。T は 0.1% 以下の微量

究[155]を紹介しよう。

胃の内容を調べると（表1）、年平均で容量の九八・四％がきのこと地衣であって、その割合の月ごとの変動は有意なものではなかった。うち、きのこは八五・七％を占め、この割合も月ごとの有意差は認められなかった。地衣は一二・七％であったが、その消費はきのこの消費と負の相関関係にあった。すなわち、きのこが少ない二月にもっとも多く食べられ、春になってきのこが増えるにつれて食べられる量が減った。ほかの餌、たとえば緑色植物やその種子は時折みられたにすぎない。

食べられた全きのこ量のうち九五％は地下生担子菌だった。ネズミなど齧歯類の食性調査からしばしば報告される接合菌、アツギケカビ類（*Endogone*）はごくすこししか食べられていなかった。地表生菌は冬と一〇月以外にはほとんど食べられていなかった。

地下生菌のきのこ（子実体）形成は季節に強く左右され、第一の生産期は秋にあり、第二の生産期は晩春にある。けれども、きのこの生産量の多少によって、このネズミの食餌のうちにき

のこが占める割合があまり変化することはない。すなわち、地下生菌のきのこ生産は乾燥した夏のあいだにいちじるしく低下するけれども、このネズミのきのこ消費には低下がみられなかった。この時期、このネズミはたぶん貯蔵していたものを食っていくのだろう。飼育下できのこを与えると、巣の中に多量に貯えるのがみられた。

食われた地衣の大部分は、サルオガセ類やホネキノリ類（*Alectoria spp.*）などの樹枝状地衣であった。これらは樹木に付着し垂れ下がっているものであるが、荒天の際などに落下する。それが食べられるのである。葉状地衣は胃の中に痕跡程度に存在した。飼育中のネズミにこの地衣を与えると、ちょっと食べてみてすぐに無視した。樹枝状地衣はすぐに食べ、リンゴや市販の飼料よりむしろ好んだ。

菌への依存度が高いということは、きのこの豊富な生息環境にこのネズミが強く結びつけられているということでもある。彼らは、森林が皆伐されたところから急速に姿を消す。針葉樹の若木が豊富になるまで、このネズミの集団は回復しない。これは、森林という「被覆物」（隠れ処）に対する反応ばかりではなく、むしろ食物と飲料水源の観点からよりよく説明される。

すなわち、彼らの餌の大部分をなす菌類は、針葉樹とほとんどぬきさしならぬ共生生活（絶対的菌根関係）を営んでいる。木々が除去されると共生的な菌はきのこ形成をやめ、このネズミは姿を消す。針葉樹が回復し、地下生菌根菌が再び豊富になると、彼らはその地にうまく再侵入する。このように地下生菌根菌に絶対的に依存しているため、彼らは針葉樹林にのみ生息している。他面、このような生息環境は太平洋岸北西部にひろく存在している。

北アメリカ西部において菌根菌と針葉樹双方の種類がいちじるしく多様なことは、「共生」の長い進化の歴史があったことを示している。ヤチネズミ類には、進化の歴史の中で菌食習慣を発達させるに充分な機会があり、カリフォルニアヤチネズミとその近くに住むアメリカヤチネズミ（*Myodes gapperi*）の亜種たちはその習慣を達成した（以上、ユアーとメイザー氏による）。このネズミが森林に対して返す働きについては7章でふれる。

カリフォルニアヤチネズミほどではないが、ヨーロッパヤチネズミ（*Myodes glareolus*）もきのこをよく食べる。とくに北方のタイガ型針葉樹林では、季節によってはきのこと地衣とが胃内容物の半分くらいを占め、年平均でも二〇％くらいを占める。[45] 日本のヤチネズミ類もきのこを食べるようだが、[103] まだ全貌がわからない。北海道のミカドネズミ（*Myodes rutilus mikado*、ヤチネズミの一種）七頭を調べた報告では、その胃内容物のすべてがきのことみられたものや四種類のきのこが検出されたものもあり、計八種類のきのこが認められた。[97]

アカネズミ類（*Apodemus*）もきのこを食うが、量はわずかのようである。ヨーロッパのモリアカネズミ（*Apodemus sylvaticus*）とキクビアカネズミ（*Apodemus flavicollis*）では、胃内容物に占めるきのこの割合は年平均で一～二％である。しかし、種子、漿果（しょうか）、動物性食品およびきのこは、消化しやすくかつ少なくとも部分的に互換性のあるひとつの食品群を形成していると考えられている。[45] 日本のアカネズミもまれにすこしきのこを食う。[147] オーストラリアではクマネズミ類（*Rattus*）がきのこを食う。[23]

(4) その他のけものの菌食

イギリスではウサギがきのこを食うことがあるという。[19] 北欧のトナカイが冬に雪を掘ってハナゴケ類（*Cladonia*）の地衣を食うことはよく知られている。

日本では、志賀高原のサルがムキタケおよびキクラゲを食べ[157]、金華山島のサルがカワラタケ類、タマゴタケ、シロハツ、ツルタケ、サルノコシカケ類、キクラゲ類、ドクベニタケほかを食べたと記録されている。[60] サルが栽培シイタケのつぼみ（未開傘の若いきのこ）をちぎって食べるとか、食べはしないもののマツタケをひきぬいて裂いてちらかすとも聞く（伊藤武氏談）。シカがマツタケを荒らすと報道されたことがあるが、じつはサルの仕業らしい（伊藤武氏談）。これまでに報告されたイノシシ、シカおよびテンの食物リストの中には、きのこは入っていない。

オーストラリア西部では、姿はネズミ（mouse）にそっくりの有袋類フサオネズミカンガルー（*Bettongia penicillata*）がユーカリ林の地下生菌のおもな消費者であるという。糞分析によると一八種の菌胞子が認められ、うち一〇種はユーカリ林の地下生きのこであった。さらに、大部分の胞子はメソフェリア属（*Mesophellia*, Hysterangiales ヒステランギウム目）のものであった。[70]

「けもの」ではないが鳥の中にもきのこを食うものがある。文献にいちばんよく登場する名前はカケス（*Perisoreus* spp.）で[6]、日本でもカケスがヤマブシタケをつつくのが目撃されている（川道美枝子氏談）。

一般に、動物の菌食についての情報は、研究者の菌類に対する意識と認識力に左右される。その気になって調べないと正しい結果が得られないのである。菌類についての日本のお寒い認識状況からして、菌食がすでに正しく把握されているとは思えない。菌学者に協力を求められても応じ切れない。日本の菌学自体が弱体なのである。さきに紹介したアメリカ、オレゴンの研究が生まれ得たのは、コーバリスの林業試験場において地下生菌の分類学的・生態学的研究が蓄積されていたからである。

(5) きのこ食の栄養学

a 菌食は虫食に通ず　食べものとしてのきのこを〈吟味〉してみよう。菌体の成分を、炭水化物・蛋白質・脂質という主栄養素の面からみると、きのこは芽キャベツ（子もちかんらん）にたいへんよく似ている[77]。つまり、菌体中におけるこれらの物質の相対的な量は、多くのふつうの蔬菜類に似ている。ただ、菌体は蛋白質にやや富む。また果実類（漿果）と比較すると、菌体のほうが蛋白質に富んでいて炭水化物にとぼしい。種子やナッツ（堅果）に比べると、主栄養素のいずれにおいても菌体のほうが濃縮度が低い[77]。カロリー（熱量）価からみても、きのこは種子、ナッツ、卵、肉などより、果実（漿果）や蔬菜類に近い[40,77]。

　これらのことはわれわれが体験的に感じているところであり、また、きのこが八百屋さんで野菜と並べて売られるのもゆえなきことではない。

　だが問題は、菌体の「炭水化物」の中身である。その大部分は細胞壁を構成している多糖類であるが、

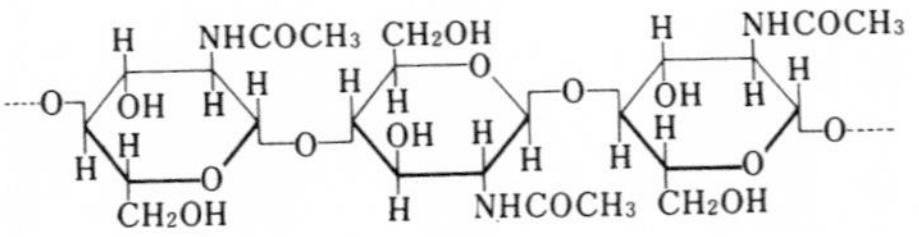

図4
キチンの構造式

その実体は主としてキチン（図4）とβ-D-(1,3)-,(1,6)グルカン（ブドウ糖を構成糖とする多糖）である。キチンと言えば、昆虫、エビ、カニなどの節足動物や軟体動物の外殻を構成する物質でもある。窒素を含んでいるので、純然たる（狭義の）「炭水化物」ではない。植物に普遍的に存在するセルロース、リグニンおよびペクチンは菌体（きのこ類の）には存在しない。また菌体は貯蔵物質として少量のグリコーゲン、トレハロース、マンニトールなどを含んでいる。[77]グリコーゲンは動物細胞に普遍的な貯蔵物質であり、トレハロースは昆虫のエネルギー源（熱源）や貯蔵物質として重要なものである。こうした植物とのちがいが、野菜との異質感をもまたもたらしているのだろう。

このような、菌類と植物との物質的な相違、換言すれば、菌類と昆虫との物質的な類似が私の意識の中では大きな比重を占めているので、きのこを食うことに熱心なヒトや動物を見ると、

「あ、虫を食っている！」

と思ってしまう。「エビ食い」「カニ食い」と言い換えてもよいだろう。ともあれ、菌食は虫食に通ずるのである（子実体が短命なことは、昆虫における成虫に似ている）。

ところでわれわれヒトもけものも、キチンを分解し消化する酵素をもたない。セルロースおよびリグニンも自前の酵素では消化できない。しかしフォーゲルとトラッペ氏[40]が多数の菌食哺乳類の胃内容物や排泄物を調べた印象では、菌の細胞内容はすぐに消化さ

れ、細胞壁は時として消化され、胞子はまったく消化されないという。2章1節5項のhで紹介するマーチン氏[77]の「獲得消化酵素」の考えを入れると、細胞壁キチンも時にはある程度消化されるのかもしれない。すなわち、菌体がもつキチン分解酵素が、咀嚼（そしゃく）による菌体の破壊によって消化管内に解放され、それが菌糸細胞に逆に作用するという構図である。

なお、肉質きのこ類（例：シイタケ、ヒラタケ、エノキタケ）の水分含量は七〇～九四％もある。したがって、きのこ食で生活をまかなおうとすると多食を要する。同時に、きのこそのものが水分源にもなりうるだろう[40]。

エネルギー源としての物質のほかに、ホルモン前駆体と考えられるエルゴステロールやビタミン類など、微量でたいせつな働きをする物質もきのこには含まれている。未知の作用をもつ有機物もあるし、金属・非金属元素も集積される[40]。

b　生活史との関係で

生態系における消費者にとって、ある食品の純栄養価は、消化した全カロリーから、その餌を探し、食べ、不消化物を排泄するに要したカロリーを差し引いたものである。もし、種子や昆虫を探して食べるよりもきのこを探して食べるほうが少ないカロリー消費ですむなら、エネルギー源としてのきのこの相対的な価値は増すことになる[40]。アメリカ北西部ワシントン州のアメリカアカリスについての調査によると、八月のきのこ食による取得カロリーは、針葉樹の種子やコケモモ（ツツジ科の小灌木）の実が入手可能であったにもかかわらず、全取得カロリーの七三％にもなった。また、単位食事時間当たりの取得カロリーは、コントルタマツ（*Pinus contorta*）の種子を食うよりきのこを食うほうが五倍以上多かった。この利点は、きのこが貯えられて乾き、含水率が減る冬期にはもっと顕著になるかもしれない[142]。

食餌としてのきのこをみるとき、いまひとつ留意すべきは、きのこは、生物学的に重要な窒素、燐（リン）などの元素を、それらがいちじるしく希薄にしか存在しない場所（基物）、たとえば材や落葉落枝から吸収して集め、濃縮することである[77]。ある昆虫がコフキサルノコシカケ二・七グラムに含まれる窒素を、それが生えている材を食うことによって得ようとすると三六・二グラムを食わなければならない[89]。栄養価という観点からながめてきたけれども、それぞれの動物種の生活史の中できのこ食がもつ意味は異なるであろう。ここでは巨視的に言われていることを紹介しよう。

動物個体群の過密化と種子の不作は周期的に起こるので、おそらく菌食の重要性も周期的に変わるだろう。従来、ブナ、ナラ、クリなどの実の不作がリス類の個体数を制御する最大要因だと考えられているが、きのこの出来がよい年には制御が緩和されるかもしれない。また、種々の齧歯類による地下生菌アツギケカビ類の摂食度は季節的に変動するが、それは、齧歯類の個体群密度が季節的に変動することと並んで、菌の子実体形成が季節的であることによるのかもしれない[40]。

2――きのこがけものを食う

(1) 真菌症

医学部皮膚病学の先生から、真菌症、すなわちかびやきのこなどの真菌類によって起きる病気の話を聞くことがある。蛇足ながら「真菌症」は、細菌類（バクテリア）によって起こる病気（「細菌感染症」）と区別する言葉である。年輩の方は「しらくも」「たむし」などと呼ばれる皮膚病をご存じであろうし、若い人でも「水虫」は聞き知っているだろう。これらは真菌症の例である。一般に、真菌症は、進行はおそいけれども有効な薬もあまりなく、治りにくい。他方細菌感染症は、進行は早いけれども適当な薬が投与されれば治るのも早い。

さて皮膚科の先生から、ふだん目にすることのない重い症例の写真を拝見すると、患者さんには申し訳なくまた明日はわが身かもしれないが、私はやや快感をおぼえる。その理由を考えてみると、「たかがかびでこれだけのことが起こる」「意外な菌が意外なことをやる」というようなことにあるようだ。高級愛玩動物から人への感染や、それをめぐって人間関係がこじれた、というような話には風刺的なおもしろさもある。健康な人は真菌症にはめったにかからないからあまり心配はいらないが、起こりうることとして知っておいたほうがよいと思う。なお、きのこ類によって起こる真菌症はとくにまれであるし、表題の「食う」という表現もおおげさかもしれないが、ともかく例を紹介しよう。

a 脳・脊髄に生えるかび——クリプトコックス症

病原菌はクリプトコックス・ネオフォルマンス（*Cryptococcus neoformans*）。「不完全菌（有性生殖期が未知の菌）」とされてきたが、最近その完全世代（有性生殖期）が発見されてじつは担子菌類であることがわかった。さらに、そこに二種あって、それぞれ *Filobasidiella neoformans*、*Filobasidiella bacillispora* と命名された。つまり、不完全菌としては一種しか認識されていなかったものの中に、二種の菌が含まれていたのである[47]。担子菌とは言っても、異型担子菌シロキクラゲ目に分類されるもので、「きのこ」とは言えない。しかしまた担子菌であればきのこのなかまであるとも言えるし、菌類界の多様性と奥行をうかがうにはよい例だとも思うのでとりあげる。

この菌は、寄主（ヒト）の抵抗力が弱っているときに体内に吸入されると、肺、脳、脊髄などに病変を生ずる[158]。とくに慢性髄膜脳炎の症状を示すことが多い[47]。皮膚に病巣を生ずることもあり、潰瘍、膿瘍などの症状を呈する[158]。治療は困難。ヒト以外ではウシ（乳牛）で、リンパ組織をまき込んで乳腺組織が侵されることがあり、畜産上問題になる。イヌ、ネコ、ウマ、ブタ、サル、キツネなどについてもこの菌による症例が報告されている。最初は呼吸器系に感染することが多く、鼻腔、口腔、肺などに肉芽腫様の病変を生ずる。血流に乗り、あるいは直接の侵入によって中枢神経系に障害を起こしたり、骨組織を溶解したり、後頭部の炎症を引き起こしたりする[47]。

昔の真菌症はほとんど皮膚科領域、つまり体表にかかわるものだった。しかし、第二次世界大戦後、内臓を侵す全身性（深在性）真菌症が増えた[158]。そのおもな理由は、救命医学が進んで、昔なら助からなかった患者が助かるようになったかららしい。助かりはするが、健康体にはならないことも多い。そのような抵抗力が落ちたところに菌の活動の場がひろがったと考えることができる[158・159]。

病原性を示す菌の性質についてみると、感染すればほとんど必ず発症する真の病原性菌のほかに、ふだんは腐生的で無害な雑菌として存在しているものがある。それらは、寄主の抵抗力が低下した場合にのみ病原性を現わす。このような菌を日和見病原菌というが、ここに紹介したクリプトコックスもそのひとつとされている[158]。この菌は自然界にひろく分布しているらしく、ハトの古い糞、土壌、牛乳、モモの果汁などから分離されている。とくにハトの糞からは高率に分離される[47]。病院にハトが住みつくことが嫌われるのはこのためであると聞く。

b　ヒトの肺にスエヒロタケ

スエヒロタケ（*Schizophyllum commune*）は山野でごくふつうにみられる木材腐朽菌である（図5左）。すなわち、死んだ木を養分にして暮らす腐生的な菌である。それが、きわめてまれにではあるが人体につくことがある。その症例[57]をみよう。

四九歳の女性。主訴は咳と痰で、過去（一九七一年八〜一〇月）に気管支拡張症という診断で入院加療したことがある。今回は、一九七九年三月ごろから咳と痰が急に増え、胸部X線像に異常がみられたため五月二九日に入院した。

吐き出した痰を培養すると、六月六日から同三〇日までのあいだに八回にわたって、同一の白色真菌菌糸が伸びだした。真菌の感染を考えて、七月からアムホテリシンB（抗真菌剤）の吸入治療を開始し、九月には症状が改善されたので退院し、自宅で吸入治療を継続した。同年一二月より発熱、脊部痛、呼吸困難などを訴えたので吸入治療を中止、一九八〇年一月再入院した。細菌感染の合併が考えられたので抗生物質を投与した。熱は下がり、諸検査値も正常となったが、さきと同様の真菌を連続的に検出し

図5　まれに人体に寄生するきのこ
左：広葉樹の伐倒木に生えたスエヒロタケ
右：イネわらに尿素を施与して生えたウシグソヒトヨタケ

た。二月一三日、左肺舌葉部の切除手術を行なった。切除した肺から真菌を分離培養することはできなかったが、肺の膿瘍中にグロコット染色で染まる菌体が散在的に認められた。

分離培養された真菌は、はじめのうちは白色の菌糸のみだったが、その菌糸に担子菌特有のクランプ・コネクション（かすがい連結）があり、一か月後には子実体（きのこ）が形成され、それによってスエヒロタケとわかった。

この症例でスエヒロタケはどのような意味をもったのだろうか。積極的な侵入感染か、単なる異物か。この報告では、気管支拡張症が基礎にあって、その症状を悪化させる要因となったと考えられている。しかし、肺組織内でスエヒロタケが積極的に増殖した様子はみられないので、作用機作についてはまだよくわからないという。

世界的にみると、スエヒロタケによる症例として、ヒトの爪真菌症、髄膜炎、肺疾患、上顎潰瘍各一例が報告されている。[57]また、キラタケ（*Coprinellus micaceus*）がヒトの肺疾患から分離された例[57]や、ウシグソヒトヨタケ(*Coprinopsis cinerea*)がヒトの心臓疾患から分離された例[11]もある。キララタケは朽木に生える菌であり、ウシグソヒトヨタケはウシ・ウマの糞や堆肥などに生える菌であって、ともに、本来腐生的な(死物につく)菌であろう。

ただここで思い出すのは、ウシグソヒトヨタケは、かつて私自身の研究活動の中で、

「ぼくの体に感染することはないだろうか?」

と思いながら取りあつかった菌のひとつだったことである(図5右)。この菌は尿素やアンモニアをとくに好む性質があり(4章2節1項)、そしてそれを取りあつかうわれわれの体はこれらの物質やその前駆物質を含んでいるからである。

c　シイタケ胞子アレルギー　フレーム(ビニールハウス)内でシイタケ(*Lentinula edodes*)の栽培に従事する人の中に、シイタケ胞子を吸入することによって起こるアレルギー性の気管支喘息、気管支炎、肺炎などの症状を示す人があり、一種の職業病とされている。[98,135]「気管支喘息」と診断された症例[135]をみよう。

三九歳の男性。主訴は呼吸困難の発作。一九六二年一月(三三歳)よりシイタケ栽培をはじめた。一九六五年ころより、シイタケ栽培用ビニールハウスに入ると、三〇分くらいで咳ばらい発作が起こり、黄色を帯びた痰を吐くようになった。この咳ばらいは、ハウスに入った日は夜半までつづくことがあり、睡眠もさまたげられることがあった。一九六八年三月、ビニールハウスに入った翌朝の午前二時ごろ、急に喘鳴(ぜいめい)をともなう呼吸困難を起こし、二〇~三〇分つづいた。以来ほとんど毎日のようにほぼ同時刻

になると呼吸困難を起こすようになった。同年五月、精密検査のため入院。

入院時、呼吸困難はなく、栄養、体格は中等で、一般的な健康診断や血液検査、肝機能検査、胸部X線像、心電図にも異常はなかった。アレルギー学的検査を行なったところ、次の結果が得られた。

イ 皮内反応——シイタケ胞子に明らかな陽性を示し、市販のアレルゲン液(抗原液)「シイタケ(乾)」にも陽性であった。しかし、カンジダ、アルテルナリア、ペニシリウム、クラドスポリウム、アスペルギルスなどの菌には陰性だった。その他の入手可能な各種アレルゲンにもすべて陰性であった。

ロ 眼反応——胞子の微量を結膜(下まぶたの内側)に落とすと、そこにかゆみと顕著な赤みを生じ、明らかに陽性であった。

ハ プラウスニッツ-キュストナー反応(P-K反応)——この患者の血清を用いたP-K反応は、シイタケ胞子抗原液に対して明らかに陽性で、熱処理を加えることにより陰性となった。すなわち、この患者の血中にシイタケ胞子に対応する抗体が存在することが証明された。

ニ 吸入誘発試験——シイタケ胞子二〇倍液二ミリリットル、一〇〇倍液二ミリリットルをネブライザーで吸入させたところ、咳ばらいと軽い咽頭不快感を訴え、胸部の聴診で両下肺野に乾性ラ音を認めた。一秒肺活量は吸入前に比べて二八%の減少を示し、本試験で陽性と判定された。

菌類の胞子によって起こるアレルギーはいろいろ知られているが、「きのこ」の範囲をはずれるのでここではこれだけにしたい。

2章　昆虫ときのこ

1――昆虫がきのこを食う

(1)　スズメバチとシラタマタケ

「スズメバチがきのこを食うことがありますよ」

スズメバチ類に関する私の先生、松浦誠氏を三重大学に訪ねたとき、こう言われた。〈食う・食われる〉の関係に本来あまり関心がなかった私は、「ほー」と応じただけで、会話はそれ以上発展しなかった。しかし、自らスズメバチ類の生活になじみ、深入りするにつれ（6章1節1項）、いちど自分でもその現場を見たいものだと思うようになった。

二年後の一九八二年一〇月八日、研究のホームグラウンド、京都市北郊のアカマツ林で、地表の一画の落葉層にもぐり込むハチに気づいた。何事かと思ってよく見ると、きのこを食いに来ているのだった

図6　シラタマタケとキイロスズメバチ
左：熟して外被の破れたきのこを食うハチ
右：このきのこを食べたハチが吐き戻したもの（シラタマタケ胞子）。× 720

（図6左）。

a　摂取行動　ハチがもぐり込むところは近接して四か所あり、そのいずれにもシラタマタケ（*Protubera nipponica*）があった。成熟して外被の破れたシラタマタケに、ハチは半身を乗り入れて一心に食っていた。ハチの種類はキイロスズメバチ（*Vespa simillima*）とモンスズメバチ（*Vespa crabro flavofasciata*）で、前者は六、七匹やってきており、後者は一匹（たぶん同一個体）がくりかえしやってきた。

シラタマタケはジャガイモのような姿の地下生担子菌（プロトファルス科）で、成熟するころには地表にわずかに頭をあらわす。成熟すると、内部のグレバ（gleba、胞子形成組織）がドロドロと液状になる。たぶん胞子以外の部分が自己分解してそうなるのだ。ハチたちはそのドロドロしたものを吸い取っているようだった。大顎を動かして咬んではいなかった。つまり、肉だんごをつくるときの動作とはちがっていた。熟しながらも食われていなかったシラタマタケの外被を私が破ってやったら、ハチたちは、そこにも食いにきた。たらふく食ったやつは、体が重くなって（？）すぐには高く飛べず、腹を引きずるようにヨタヨタと、低くすこしずつ飛びながら去って行った。

ところで、数多くやってくるキイロスズメバチは、シラタマタケのそばで、さかんに取っ組み合いのケンカをした。異なる巣から来ている個体のあいだでの食物争い（縄張り争い）のケンカだ[87]。見物している私の足にぶっつかりながらケンカするのもいた。あまりの騒々しさにモンスズメバチが怒り、「ケンカをするならあっちでやれ」とばかり追い払う場面もあった。また、モンスズメバチは同じきのこにばかりきたが、巣へ往復しているあいだにキイロスズメバチがそのきのこにもぐり込んでいると、外に残っている尻をカッカッとつついて追い出した。

b ハチの胃内容物

きのこを食べるとはどういうことだろうか。食べられたものを確かめるべく、ハチを捕らえて胃を解剖してみようと思いたった。モンスズメバチは一匹しか来ないのでこれは捕らえない。巣に打撃を与えてはかわいそうだ（あとで松浦氏に聞くと、その心配はなかっただろうとのこと）。たくさん来るほうのキイロスズメバチを一、二匹捕らえることにして、ハチがきのこにもぐり込んでいるときにそっとポリエチレンの袋をかぶせ、充分食って飛び去るところを捕らえた。その袋の中に入れたまま置くうち、ハチは食べたものを吐き戻した。それはシラタマタケのドロドロした液状物の色をしており、顕微鏡で見ると、まさに胞子の集団であった（図6右）。菌糸組織は含まれていなかった。解剖してみるまでもなかった、とそのときは思った。しかし、あとで思えば、やはり解剖は行なって、食べたものが小腸から直腸のほうまで行っているかどうか確かめるべきだった。なぜなら、ここに来ているのは働きバチだから、巣に帰って幼虫に給餌するだろう。きのこは持ち帰って幼虫に与えるだけなのか、働きバチ自身も消化・利用するのか、解剖によって知ることができたかもしれなかった。さらに、働きバチ自身もきのこを利用するとした場合、胞子を消化できるかどうかがわかったかもしれなかった。

スズメバチ類がきのこを食うという事実が松浦氏によって正式に発表されたのは、ようやく一九八四年のことである[86]。スズメバチ類は人々となじみが深く、比較的よく研究されてきた生物であるにもかかわらず、このような初歩的なことがこれまで知られていなかったことに驚く。と同時に、こういう未知の自然がまだあることをうれしく思う。

c　菌食の意味

松浦氏は、コガタスズメバチ、オオスズメバチおよびヒメスズメバチがシラタマタケを食うことを報告している[86]。さらに、ほかのきのこを食うのは見たことがないという（私信）。氏によると、シラタマタケはスズメバチ類の秋季の食物源として重要である。とくにオオスズメバチのオスはもっともきのこに引きつけられるようで、離巣後の主要な食物源となっている（オスは秋に生まれ、離巣して放浪し、交尾をすますと越冬せずに死んでしまう）。じっさい、彼らが野外でほかのものを食うのは見たことがないという[86]。

このきのこの発生量は年によって変動する。それが多い年にはスズメバチ類のきのこへの依存度が高まり、イチジク、ブドウ、カキなど、ほかの食物源へはあまり来なくなる。逆にきのこが少ないと、ほかの食物源への依存度が高まる[87]。

シラタマタケはハチの食物として、栄養的にどういう意味をもつのだろうか。食べられた胞子は消化されるのだろうか。松浦氏はいちおう炭水化物源として位置づけ、[86] のちに蛋白質源としてみることにも関心を示しているが、[87] 私は後者の見方を強調したい気がする。液状化したグレバはとくに窒素含量が高いようにみえる。もし、花の蜜や樹液を吸うようにとらえたり、「きのこは植物」「植物だから炭水化物」という図式で考えたりすると具合が悪いかもしれない（1章1節5項参照）。

最後にすこし視点を変えよう。もし胞子が消化されずに排泄されるとすれば、ハチはこの菌の伝播にどのような意味をもつだろうか。シラタマタケは東アジア特産の種類であるが、スズメバチ類の種分化や生態適応と何か関係があるだろうか。松浦氏は、ハチの繁殖階級（オスおよび次年度女王となるべきメス）の生産期ときのこの発生期が一致するのは興味深いとしている（私信）。

(2) 菌食の展望

昆虫と菌食、ないしはもっとひろく節足動物と菌とのかかわりようについて、いくつかのまとめがある。[8・77・96・104] ここではマーチン氏[77] のまとめによって、節足動物の菌食を概観しておこう。

a 子実体につく節足動物

子実体というものは空間的・時間的に散在した小さな場所であり、一時的にしか当てにすることができないものである。そのことによってそこに住みつこうとする動物相の性格と幅がきまってくる。サルノコシカケ類の木質の子実体は、出現の時期がかなり規則的でまた数年にわたって存続することもあるから、ハラタケ類の短命な肉質きのこより、大型で多様な動物がつく（ほんとうかな？ 相良注）。軟質きのこ（サルノコシカケ類の中で柔らかいきのこおよびハラタケ類のきのこ）のうち、朽木に生えかつ季節ごとの出現が天候にあまり左右されないものは、地上に生えてあまり当てにできないきのこより多くの種類の動物がつく（ほんとうかな？）。

木質きのこからは、種数においても個体数においても、トビムシ目、鞘翅目（甲虫類）、双翅目（ハエ類）、およびダニ類がもっとも多く採集される。短命の肉質きのこおよび二〜三週間しかもたないサルノコシカケ類ではハエ類が優占する。

b　菌体を含む場所の節足動物

樹木遺体の分解は、主として菌と無脊椎動物の共同活動によって起こる。そこに見られる菌と昆虫の遷移については多くの報告がある。腐りつつある丸太から採集した甲虫の消化管を調べると、あるものは材そのものを食い、あるものは菌糸を食い、さらにあるものは材と菌の混合物を食っている。シロアリ類も、朽木の中での食生活で菌と日常的に出会っている。ガガンボ科の材食性ハエや多くのダニもまた、菌あるいは材と菌の混合物を食う。そのほかに節足動物が菌糸と出会う場所としては、落葉落枝が堆積したところ、草食動物の糞、堆肥、発酵飼料、貯蔵穀物などがある。

c　菌と共生的にかかわる昆虫

昆虫は菌類といくつかのやり方で共生関係を結んでいる。アリの一群とシロアリの一群はともに、巣に持ち込んだ植物材料を用いて菌を栽培する。菌体は、そのアリの主食であり、そのシロアリの小部分ではあるが必須の食餌成分である。養菌穿孔虫（アンブロシア甲虫）の一部の種の幼虫は、木材中に自らが掘ったトンネルの壁に繁る共生菌の菌糸を食べる。養菌穿孔虫のその他の種の幼虫および養菌穿孔虫のすべての種の成虫は木材と菌をともに食う。また、キバチ類においても幼虫が木にトンネルを穿つと、そこに共生菌の菌糸体がまんえんする。キバチ類のいくつかの種の幼虫はその菌を主食とし、ほかは材と菌をともに消費する。最後に、ツツシンクイ類は、ツツシンクイ類と共生していると考えられる菌と材との混合物を食う。

(3) きのこむしとファーブル

a むしと菌

昆虫の分類書を見ると、分類単位の科や属の名前に、菌との関係をよく示しているものがある。それらを表2にまとめてみた。左欄に原語を、中欄にその直訳を、右欄にその和名を示す（順不同）。

分類群の名前に採用されているくらいだから、昆虫の菌食は古くから注目されていた。フォーゲル氏(39)がまとめた昆虫の菌食に関する文献の目録には、一九世紀中頃以降のものが三〇〇篇近く挙がっている。しかもこれだけですべてではなく、その三〇〇篇の中の五篇にすでに収録されている文献は、フォーゲル氏の目録には再録されていないのである。

そのまとめによると、もっとも頻繁に報じられた菌食昆虫は双翅目（主としてキノコバエ科またはノミバエ科）かあるいは鞘翅目である。一方、昆虫に食べられるきのことして報じられたのは、ハラタケ

表2　昆虫の分類群の学名がきのことの関わりを表わしている例（順不同）

鞘翅目		
Mycetoporus	菌孔属	イクビハネカクシ属
Mycetophagidae	菌食科	コキノコムシ科
Mycetophagus	菌食属	ヒゲブトコキノコムシ属
Mycetochara	菌 +chara（意味不明）	ヒメクチキムシ属
双翅目		
Mycophaga	菌食属	和名なし（ハナバエ科の一属）
Mycodrosophila	菌ショウジョウバエ属	キノコショウジョウバエ属
Mycetophilidae	好菌科	キノコバエ科
Mycetophila	好菌属	和名なし（キノコバエ属？）

類とサルノコシカケ類が大部分である。しかしほとんどの文献では、じっさいの菌食についての観察よりもむしろ子実体から抽出ないし飼育された昆虫のことが記録されている。そこではきのこと昆虫とのほんとうの関係はわからない。なぜなら子実体の中にいたある昆虫は、ほかの虫を食べる捕食者か一時的な訪問者かもしれないからだ。しかしながら、このような昆虫も胞子の運搬者として働くことはありうる。

じっさいにきのこを食う昆虫において、胞子は消化管を通過したあともなお生きていることが近年になって明らかになった。そのことから、病原菌、菌根菌、その他の菌の伝播について昆虫の菌食がはたす役割が新たな関心を呼んでいる[39]。

b　『昆虫記』から

昆虫におけるきのこの食べ方や、昆虫の種類とそれが食べるきのこの種類との対応関係などをファーブル[37]（J. H. Fabre）によってみよう。

食べ方には二通りある。ひとつは、細かく刻み、歯で噛んで呑みこむ型であり、いまひとつは、その食べ物をあらかじめ粥（かゆ）に変えてそれから呑みこむ型である。前者すなわち咀嚼家は少なくて、ファーブルの家の近くでは鞘翅類四種および衣蛾（穀蛾？）の幼虫一種しか見られなかった。後者すなわち溶かし屋はすべて双翅類（ハエ類）の幼虫で、種類は多い。

咀嚼家ときのことの対応をみよう。ハネカクシの一種 *Oxyporus rufus* は成虫・幼虫ともヤナギマツタケにつき、春でも秋でもよく見られる。この虫はこのきのこ一点張りの専門家で、ほかのきのこについているのは見たことがない。同様に、オウシュウオオキノコムシはサルノコシカケ類の一種ヤケコゲタケが専門で、オウシュウタマキノコムシはセイヨウショウロ（トリュフ）が専門である。フランスムネアカコガネは、ふだんの食物は地下生菌 *Hydnocystis arenaria* であるが、セイヨウショウロその他の地下生菌のあれこれも食うようである。一品専門ではない。しかし、地上生のアミガサタケ、ホウキタケ、コモタケ、チャワンタケなどを実験的に与えても食べない。穀蛾の幼虫になると食性がひろく、たいていのきのこ類につく。この虫は、食い荒らしたきのこの下でごく小さい白い繭をつくったのち目立たない蛾になるが、一番のきのこ荒らしである。

次に溶かし屋を見よう。彼らは化学者であって、反応剤を使ってきのこを溶解する。われわれの身のまわりで、ニクバエやクロバエが肉類を液状にするのと同じやり方だ。きのこにつくハエの幼虫（うじ虫）は、長時間煮沸してもさらにそこへ炭酸ナトリウムを加えても溶けないきのこ、たとえばヤマドリタケを液体に変えてしまう。それはうじ虫がもつ酵素の力で行なわれるのであろう。

ウラベニイグチ、ムラサキアミタケ、辛いチチタケ類、辛くないチチタケ類、その他いろいろなきのこにうじがつく。しかし、ヒトの食用きのことして珍重されるタマゴタケ、有毒なテングタケ、シロタマゴテングタケおよびコタマゴテングタケ、有毒とされるオリーブのツキヨタケ、美味なヒラタケの一種などにはつかない。ヒトが食うからといって虫は食わず、虫が食うからといってヒトも食えるわけではない。虫の胃袋とわれわれの胃袋はちがう。

以上、ここでは現代の文献によらず、あえてファーブルの『昆虫記』からまとめた。きのこの名前を、考証は不完全ながら現代のものに直したのがすこしあるほかは、現代の科学知識との照合はしなかった。半分は私の怠けだが、半分は理由がある。すなわち、現代の昆虫学でいかにも新しいことのように語られていることがあったが、『昆虫記』を見たらすでにその本質的なところは書かれていて、「なーんだ」と思ったことがある。しかるに、それを現代の人々が引用しないことに怒りを感じたのである。

きのこにつくハエの種類が多いことに関連して、こんなことがあった。村上康明氏が、軟らかいきのこを食う昆虫について調査していたら、多数のハエが羽化してきた。とりわけノミバエ科メガセリア属（*Megaselia*）のものが多かった。しかし日本ではその分類ができないので標本をイギリスに送って調べてもらったところ、七種全部が新種である（名前がない）との返事がきた[96]。名前をつけるところから仕事をはじめたら、それだけで一生かかるかもしれない。それではほんとうに自分がやりたいことがやれなくなる——そう思ったのかどうか、彼はこの問題から手を引いた。

c 「訪茸昆虫」

マツタケ（*Tricholoma matsutake*）につく虫についてはすでに文献[101]があるが、そのマツタケにやってくる虫を写した映画の印象をここに書こう。その映画は京都府林業試験場（現・京都府林業技術センター）の苦心作で、マツタケ子実体が地表に出はじめてから、カサを開き、朽ち果てるまでの約三週間を四分一コマで写したものである。もっとも印象的なのは群がる虫の多さである。とくに夜間に多い。しかし、なにしろ四分間隔の瞬間光による撮影だから、虫は一瞬のうちに画面に現われ、また去る。虫の姿も種類も把握しがたい。それでも、昆虫にくわしい人に見てもったら、種までは無理ながら、だいたいの分類群まではいくつかわかった。それらを順不同に列挙すると、ハネカクシ、デオキノコムシ、キノコバエ、トビムシ、センチコガネ、カマドウマ、ナメクジとなる。さらによく見ると、食痕は一回でできるものではなく、いったん噛まれると、同じところにくりかえし虫がやってくることもわかった。

ところで、「訪花昆虫」と言われるものがある。その定義は知らないが、この映画を見て、「訪茸昆虫」という言葉をつくりたくなった。

「訪茸昆虫」をもうすこしていねいにみると、二通りあるだろうと忽那正典氏は言う（談）。ひとつは、子実体を食べにくるもので、そのついでに胞子の散布を行なうかもしれないものである。たとえば、マツタケ、シイタケ、ヒトヨタケなど一般のきのこは、いろいろな虫に食われはするが、胞子散布を虫にたよっているようにはみえない。これらには「風播菌」「水播菌」などの言葉が当たるかもしれない。いまひとつは、胞子を含む液状物（本章1節1項参照）を食べにくるもので、胞子の散布に効果的に役立っているとみられるものである。たとえば、スッポンタケ（*Phallus impudicus*）、サンコタケ（*Pseudocolus schellenbergiae*）などにはハエがよく訪れて液状になった胞子集団をなめるが、ここではきのこの側も特異な臭気を放つなどして虫を誘引しているようにみえる。この場合には、「虫播菌」という言葉が当たるかもしれない。

(4) シロアリのきのこ栽培

a 熱帯林の落葉落枝はどこへ

二十数年前（注：一九六三〜一九六四年）、セイロン（現・スリランカ）、インドに旅行した。そのとき熱帯の森林を見て、地表に落葉落枝が意外に少なく、地表がきれい（？）なのが印象に残った。はっきりした落葉落枝層をもつ日本の森林を見なれた眼には奇異だった。一方ところどころに、円錐形に近い、土まんじゅうの塚があった（図7左）。それがシロアリの巣であることはわかったが、これら二つの事象は私の中では結びつかなかった。

不勉強はいうまでもないが、当時はこの方面の教育も知識の普及もほとんど行なわれていなかった。しかし、日本の動物学・生態学から熱帯シロアリの研究者が現われ、「きのこを栽培する」シロアリの研究から前記二つの事象が明確に結びつけられるとともに、知識の普及も行なわれた。(2・3・4・5・83・84・85) 日本の菌類学からも、「シロアリが栽培する」シロアリタケに関心が寄せられ、研究や解説が行なわれた。(105) この項は、それらの文献と外国の文献とからまとめさせていただき、実験屋としての私の関心をつけ加えよう。

熱帯や亜熱帯で乾期のないところの森林は、外から見れば常緑である。しかしそこでも、古くなった葉や枝は死んで落ちる。マレー半島の熱帯多雨林での調査によると、年間に地表に供給される落葉落枝の量は日本の常緑広葉樹林の一・七倍ほどである。ところが地表に堆積している量は、日本の常緑広葉

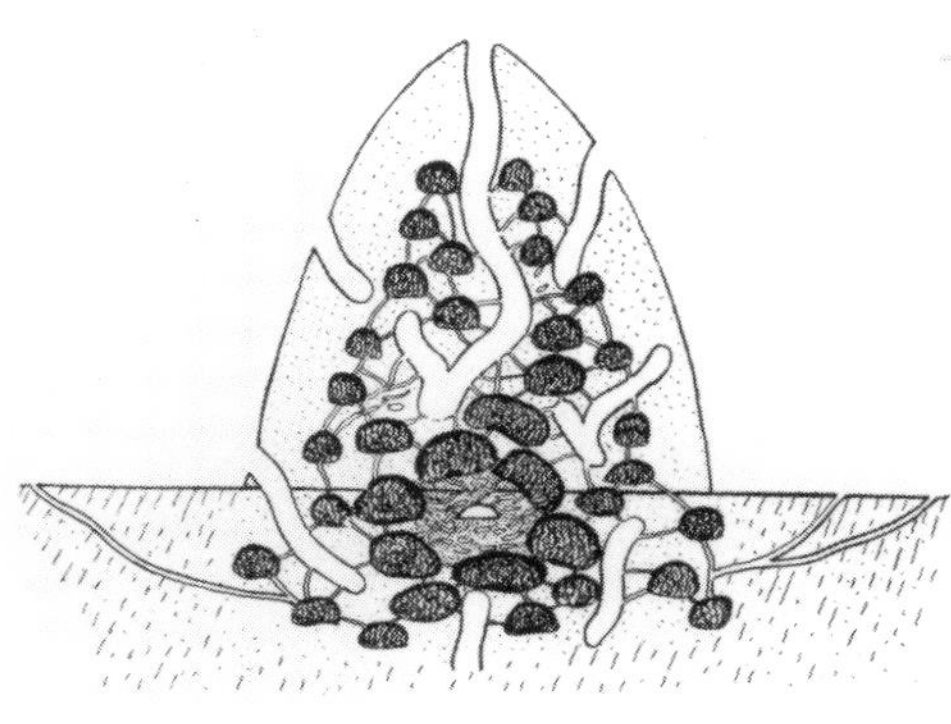

図7　シロアリの巣とその内部の構造（Escherich 1911[35]より）
左：スリランカのシロアリ *Odontotermes obscuripes* の巣
右：シロアリの巣の断面模式図。下部中央に女王アリの部屋があり、そのまわりに多数の菌栽培室がある

樹林の二分の一から九分の一である。すなわち、日本よりはるかに急速に地表で落葉落枝が消失していくことがわかる。そしてその消失をもたらす大きな力がシロアリだったのである。[2・83]

シロアリの働きアリは、夜になると巣から出て地表の落葉落枝をかじりとり、巣に持ち帰る。マレー半島の熱帯多雨林では、落葉の二二％くらい、一ヘクタール当たり一週間三〇キログラムぐらいの落葉がスミオオキノコシロアリ（*Macrotermes carbonarius*）一種によって巣に運ばれる。[2] アフリカのナイジェリアのサバンナでは、枯草の六〇％がシロアリに持ち去られる。[4]

b　菌園、「糞菌食」、きのこ　巣に持ち帰られた落葉落枝の小片は一定の部屋にいったん貯えられる。ある期間ののち、働きアリがこれを食べるが、消化吸収され消費されるのはそのごく一部分であって、大部分は糞として排泄される。働きアリはそれを無秩序に捨てるのではなく、「きのこ栽培室」と呼ばれる一な

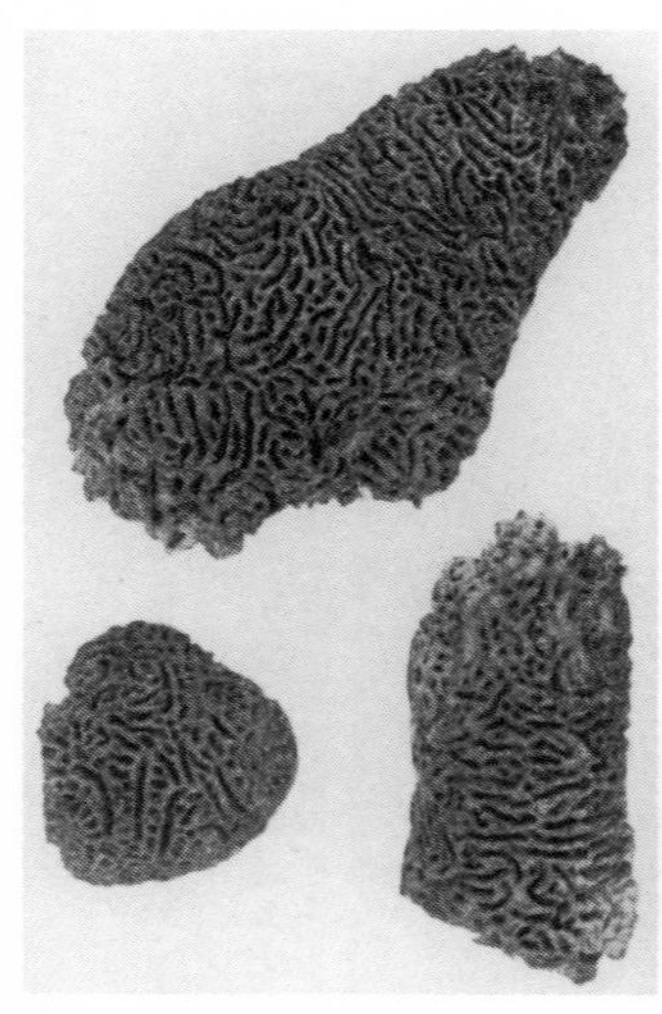

図8　シロアリの菌園とそこから生えたきのこ
左：スリランカのシロアリ"*Termes ceylonicus*"の菌園（Escherich 1911[35]より、現行学名不詳）
右：インドのシロアリ（*Odontotermes* sp.）の巣の放棄された菌園から発生したシロアリタケの1種（Wheeler 1923[166]より）

いし多数の部屋で、海綿状または軽石状の構造物に仕立てあげる（図7右、図8左）。これにシロアリタケ類の菌糸が増殖し、「菌園」と呼ばれるものになる[83]。その菌がどこからきて住みつくのかはのちに議論するが、その性格は糞生菌（4章1節1項）に似ていると言うこともできよう。働きアリはその菌園の「手入れ」をする。

このようにしてできた菌園の量は、マレー半島のスミオオキノコシロアリでは一巣当たり平均一・七キログラム（乾重）であった[83]。インドのシロアリ、オドントテルメス・オベスス（*Odontotermes obesus*）の巣では、三一・三キログラム、二八・五キログラム（湿重）などであった[13]。

図9　シロアリの1種 *Macrotermes bellicosus* の王室内におけるコロニーの様子（G. Kunze 画）（Escherich 1909[34] より）
中央の巨大なものが女王（産卵アリ）、その手前中央にいて女王にくっついている1匹が王（雄アリ）、女王をとりまく多数の小型のものが働きアリ、その外側で構えているのが兵アリ。女王は体長11cmにもなるという

菌園の表面には「菌毬（きんきゅう）」とか「きのこの芽」と呼ばれる、直径一〜二ミリメートルの菌糸塊ができる。これを、「分生子柄と分生子（無性胞子）の集合体」と表現する人もある。働きアリはそれを食べ、口移しに幼虫、兵アリ、生殖アリ（女王、産卵アリ）（図9）に与える。菌糸塊を食べるだけでなく、菌園の下部すなわち菌糸の働きによって分解の程度が進んだところも食べる[2,83]。

菌園の素材が糞であるとすれば、そこに菌糸が増殖して混じったものを食うのであるから、「糞菌食」とでも言えようか。そして新しい排泄物は菌園の上部に追加される。このようにして排泄物は菌の培養基およびシロアリ自身の餌としてくりかえし利用され、巣外に出されることはない[2]。

菌園から時にきのこ（子実体）が巣の外面に

図10　タイワンシロアリの巣（菌園、矢印）から生えたオオシロアリタケ。西表島にて（四手井淑子氏原図）

出現する（図8右）。「巣が放棄されてから生える」とした文献を読んだことがあるような気がするけれども、かならずしもそうではないらしい。巣の中にたくさんある菌園のうち、放棄されたものまたは古くなったものから生えるということかもしれない。巣が若くてまだ土まんじゅう型の塚をつくるにいたっていない場合、そのきのこが地表に出現することによってはじめて地中に巣があったことがわかる[110]。さらに、南西諸島最南部の西表（いりおもて）島や石垣島のタイワンシロアリの場合は、もともとほとんど塚をつくらないので、きのこによってはじめてその巣の所在がわかる[3・139]。

西表島産の菌園（図10）を見せてもらったことがあるが、ヒラタケ、エノキタケ、ナメコなどの鋸くず栽培における廃床のような感じであった。余談ながら、シロアリタケ類はヒトの食用になり、ところによっては市場に出ている[134]。いっそのことヒトが栽培したらどうだろうか。少なくとも、菌糸の純粋培養はむずかしくないようだ。

c　物質の流れ　以上の経過を物質の流れとしてみよう。地表から巣内に持ち込まれた落葉落枝の大部分はシロアリタケ菌糸やシロアリの身体の構成材料となり、それらやほかの微生物の呼吸によって二酸化炭素と水とになって気中に消える。シロアリの一部は天敵のアリに捕食されてアリの身体や排泄物に姿を変え、また羽アリとして巣外へ出る部分もある[4]。菌園には、とくにそれが放棄されるとほかのいろいろな虫もやってくるから、菌園の残物の一部はほかの虫やきのこの姿となって巣外へ逸出する。残りはさらにいろいろの微生物や小動物の生活活動によって二酸化炭素、水、アンモニア、灰分などに無機化されるのであろう。

ところで、巣直下の土にこのような無機物の形で与えられるのはどのくらいのものであろうか。もしそれが多量であれば、森林では樹木の細根がその部分に集中的に繁茂するはずである。じっさい、アフリカのサバンナでは、シロアリの巣の周辺は草の生育がよいという[4]。それは、まず第一にアンモニアの影響ではなかろうか。草本、とくにイネ科植物が顕著によい生育を示すのは、私の経験では、アンモニア態窒素が与えられたときである。

d　虫の種類と菌の種類　「きのこを栽培する」シロアリはキノコシロアリ亜科（Macrotermitinae）に属し、アジア・アフリカの熱帯・亜熱帯に約二四〇種が分布している[3]。一方、「シロアリに栽培される」菌はシメジ科オオシロアリタケ属（*Termitomyces*）の約二五種がある。日本では南西諸島南部の西表島と石垣島からシロアリタケ類（二種）が報告されているが、沖縄本島にも産するらしい[105]。このあたりが北限のようである。

なお、シロアリの巣に生えるきのこは、シロアリタケ類だけではなく、ほかのいくつかの担子菌、子嚢菌、不完全菌もある。[105・110・134] 落葉落枝の後始末（分解・無機化）がただ一種のシロアリとシロアリタケとによって完了するとは考えにくいから、関係する種が多様なのは当然だろう。なかでも、子嚢菌クロサイワイタケ属（*Xylaria*）のものはシロアリタケと共存しており、むしろシロアリタケよりさきに住みついてシロアリタケが住みつくための条件を整えている可能性があるという。[13]

e 菌栽培と糞菌食の意味

ところで、シロアリにとって、「きのこ栽培」と「糞菌食」はどのような意味をもつのだろうか。

暖帯～温帯の日本で見るシロアリ――人家にもいるが、森林内で腐りつつある倒木の中などにもいる――は腸内に原生動物（動物的な単細胞生物）を共生させている。これらのシロアリはその原生動物が分泌する酵素の力を借りて、餌（植物遺体）の主構成要素であるセルロースやリグニンを分解・消化する。熱帯～亜熱帯にもこのようなシロアリがいるが、キノコシロアリは原生動物を腸内にもたない。ある種の細菌（バクテリア）は共生していて、セルロースやヘミセルロースの分解にいくらかは働くが、リグニンの分解はできない。シロアリの糞はこのリグニンや未利用セルロースを多量に含み、さらにシロアリ自身の窒素代謝最終産物を含んでいて、それらを養分としてシロアリタケ菌糸が増殖する。シロアリはその菌体と、その菌の生活によって変質し消化しやすくなった糞を摂食するわけである。このことから安部氏[4]は、菌園はシロアリの「体外消化管」であると表現している。なお、菌食は、菌がもつセルラーゼ（セルロース分解酵素）を摂取するという意味があり（本章1節5項のh）、そのセルラーゼもシロアリの消化管内で植物遺体セルロースの分解に役立っているとみられている。[5]

また、松本氏[83]は生体構成元素として基本的に重要な窒素の流れという観点から、シロアリのきのこ栽培を次のように考えている。

「彼らの餌の植物枯死体そのものの中の窒素物質は濃度が低く、働きアリがそれを兵アリ、幼虫、そして女王アリに口移しに給餌するのでは効率が悪い。なぜなら女王アリは毎日のきわめて多量の産卵のために多くの蛋白質を必要とする。キノコが菌園から窒素物質を吸いあげ（この中にはシロアリの窒素代謝最終産物も入っているのであろう）、それを良好な蛋白質につくり変えているとしたら、まさに幼虫や女王アリにうってつけの餌である。落葉（一・三％）↓菌園（一・六％）↓キノコの芽（七・五％）↓シロアリの体（一一％）というふうに窒素が濃縮していくのである」

菌食はすなわち窒素食である、と言い切ってしまうと氏の意に合わないかもしれないが、強調したい見方である（本章1節1項のc、7章3節参照）。

f　菌の源は？

さて、シロアリタケはどこからやってきて住みつくのだろうか。この点はまだよくわかっていない。羽アリが新巣建設へ向かって飛び立つとき分生子を体につけて行くという説[14]もあり、働きアリが巣から出て採餌する際にその餌とともに胞子が持ち帰られるという説[134]もある。さらに、餌とともに胞子が食べられて、シロアリの消化管を通過すると発芽するしくみになっているのだろうという説まであるらしい。[85]

私はこのような合目的的共生説は好きではなかったし、「栽培」という言葉も好きではなかった。「菌なんてどこにでもいるさ」というのが私の基本感覚である。

「マツタケが水田にもいるか?」

と私の師・浜田稔先生(菌根学・マツタケ学、故人)から問いつめられて、

「いますよ!」

と開き直ったことがある。

菌は潜在的にはどこででも待機していて、増殖(生育)の機をうかがっているということを言いたいのである。胞子の形で待っていることもあるだろう、菌糸の形で細ぼそと暮らしていることもあるだろう。われわれの眼につくほどの餌の塊がなくても、菌は暮らせるのである。胞子は風に乗って遠方へも飛ぶから、ある程度の長さの時間をとれば、胞子の一個や二個どこにでもいると言えよう。この場合、シロアリの糞の塊という特殊なお膳立てが整うと、周囲の土から特殊な菌が選ばれ、かつ好んでそこへ侵入し増殖するとみることもできる。

そこで、キノコシロアリとシロアリタケの共生説に一矢をむくいんものと考えた。すなわち、シロアリはいなくても、その糞さえあればシロアリタケは生えるのではないか。さらに、シロアリの糞に代わるもの(物質)を土に埋めればシロアリタケは生えるのではないか。しかもそれは、キノコシロアリとシロアリタケの分布北限を越えた日本本土でも見られるのではなかろうか。つまり、シロアリタケは日本本土にも潜在するのではないだろうか。

そのことを確かめるため、一〇年ほど前（注：一九七九年）、シロアリの糞に代わるものとしてカイコの糞を京都の山に埋めてみた。きのこは見事に生えた。だがそれはシロアリタケではなく、4章2節1項で紹介する「アンモニア菌」に属するものだった。窒素が濃厚すぎたのだ。炭素源としてもあまりよい代替品ではなかったようである。

共生説についてもういちど考えてみよう。生物の適応と進化は、かかわる生物にとってすこしでも有利な方向へ、すこしでも子孫繁栄の確率を高める方向へ進むようであるから、キノコシロアリとシロアリタケとのあいだに共生というべき面がたしかに存在するのかもしれない。さきの、シロアリタケはどうやって住みつくかという問題にかえって考えてみよう。シロアリ側からみると、その糞へ菌が自然感染するのを待っていたのでは、自らの生活の将来は覚つかない。だからシロアリの行動のどこかに、菌の感染を促す部分があってもよい。それはシロアリタケ側からみても結構なことだ。この面（相）が共生的であると言えよう。しかしシロアリタケとしては、シロアリによって植えつけられることだけを期待するより、機会があれば自ら侵入する道をもつほうがより有利なのではないか。あるいは独立に生活する道をもってもよい。それはシロアリ側についても言えることで、シロアリタケが増殖するまでのあいだ、まったく生きていけないということでは困るだろうから、シロアリタケに頼らない生活回路もあるのではなかろうか。実験生態学的にまだまだ研究すべきことがありそうである。

(5) アリのきのこ栽培

a 地球上での配置

シロアリのきのこ栽培はアジア・アフリカの熱帯から亜熱帯にかけてみられるものであった。それとよく似た現象、すなわちアリによる「きのこ栽培」が、中南米の熱帯から温帯にかけてみられる。蛇足ながら、シロアリとアリとは、分類学上はかなり離れた昆虫であるとされている。

まず写真を見ていただこう。図11は、南米アルゼンチンでみられたハキリアリ（葉切りアリ、leaf-cutting ants）の一種の巣である。シロアリの場合と異なり、生きている植物の葉や花をかじりとって地下の部屋に持ち帰り、それらを用いてきのこの菌糸を培養する。かじられる植物は野生のものにかぎらず、栽培植物もときに丸裸にされる。遠い南米のこととて、積極的な関心をもつのはむずかしいが、この写真を見れば、一目でことの重大性またはおもしろさがわかるだろう。そして、旧世界と新世界の熱帯を中心に配置された二つの「きのこ栽培」に、何か深い進化史上の意味があるのではないかと感じられよう。

以下の紹介はウェーバー氏[162]に負うところが多く、とくに本項のcとdとはほとんど彼の記述にしたがっている。

b アリの種類と菌の種類

きのこを栽培するアリはハキリアリ族（Attini）にまとめられ、一一属、約二〇〇種ある。直径二センチの巣室をただひとつもつというような種類から、図11のようなもの

図11　アルゼンチンにおけるハキリアリの１種*Atta vollenweideri*の巣（N. A. Weber氏原図[161]）

までである。「葉切り」と「きのこ栽培」とで代表的なのはハキリアリ属（*Atta*）とヒメハキリアリ属（*Acromyrmex*）である。ハキリアリ族の中で原始的とされるアリの中には、菌園材料として昆虫の糞や死体をも用いるものがある[162]。

栽培される菌の種類は、じつはまだあまりはっきりしていない。その理由のひとつは、分類に必要な子実体が得られにくいことである[50]。これまでのところ（注：一九八八年時点）、シロカラカサタケ属の一種（図12右）はほぼ確実で、ロイコアガリクス・ゴンギロフォルス（*Leucoagaricus gongylophorus*）と命名されている。それと同種か異種か不明の、アッタミセス・ブロマティフィクス（*Attamyces bromatificus*）と名づけられている不完全菌もある[141]。錯綜していてよくのみこめないが、ウェーバー氏[162]は、このほかにキツネノカラカサ属（*Lepiota*）のきの

Fig. 8. Atta discigera,
mit Schnittstücken an
einer geplünderten Aipim-
Pflanze herabsteigend.
Nat. Gr.

図12　ハキリアリとそれが栽培する菌（Möller 1893[92]より）
左：切りとった葉片を運ぶアリ *Atta discigera*
右：そのアリの古巣に生えたきのこ *Leucoagaricus gongylophorus*

こもあると言っているようである。ハキリアリ族のなかには酵母型の菌を栽培するものもある。これらの菌はハキリアリ類の巣以外からは見つかっていない。なお、放棄ないし廃棄された菌園には子嚢菌クロサイワイタケ属の一種が生えることがあるが、アリとの関係はわかっていない[162]。同属の菌はシロアリの巣からも記録されている（本章1節4項のd）。

c　菌園材料の採集と菌の栽培[162]　ハキリアリ族の代表、ハキリアリ属とヒメハキリアリ属について、きのこ栽培の実際をみよう。

彼らは巣の近辺のいろいろな植物の葉をかじり取り、くわえて巣に持ち帰る。図12左はその様子を示している。この図から得た印象を私が、

「帆かけ舟！」

と言ったところ、じっさいに現場を見てきた人が、

「そう、その通り」

と言った。ハキリアリを英語で「パラソル・アンツ（parasol ants）」とも言うのは、同様の印象からきているのだろう。

草刈り場と巣とのあいだの通路はヒトが歩く小径のように明瞭になる。ハキリアリ属の一種の成熟した巣では道幅が三〇センチメートルにもなり、その部分の植物が無くなる。ふつうハキリアリ属の通路は、幅五～一〇センチメートル、長さ二〇〇メートルほどである。

外界から菌園材料を持ち込むので、いろいろな雑菌も入ってくるはずであるが、菌園に生えるのは特定のものである。

巣に持ち帰られた葉片は、まず表面をふき取り掃除される。このふき取りは、葉片が菌園表面に持ち込まれたあともつづけられる。菌園表面で、葉片はさらに小さく切り刻まれ、径一～二ミリメールとなる。この葉粒はくりかえしなめられ、また頻繁に排泄物をつけられる。ついでアリはその葉粒を菌園の中に押し込む。アリはたえず菌園の世話をする。アリが新しい葉粒に菌糸を植えつけるという観察もある。菌の植えつけは菌糸のひろがりを促進するだけでなく、アリの唾液が菌糸の生長を促進することもありうる。排泄物または肛門分泌物と唾腺分泌物とは継続的に与えられて菌糸を生育させ、個々の葉粒は区別できなくなる。

菌園は植物の根などを利用して宙づりにつくられ、室の壁や底（土）となるべく接触しないようになっている。この空間がアリの移動や空気の供給に役立つ。菌園の大きさはヒメハキリアリ属のアリでもっとも大きく、直径三〇センチメートル以上になる。菌園の廃物（廃床）は巣外へ運びだされ、一定の場所にくりかえし捨てられる傾向がある。そこには養分を求めて植物の根が繁る。この廃物を調べると、菌園に持ち込まれた葉片のセルロース含量の約半分が菌によって消費されていることがわかる。生態系の物質循環におけるハキリアリ営巣の意味はこのあたりから考究されるべきものであろう。

d　アリの生涯と菌食[162]

アリはほとんど菌漬けという状態で育つ。すなわち、卵は菌叢（きんそう）の上に産みつけられ、菌糸の網の中で孵化する。幼虫は働きアリによって菌叢から頭を出して置かれ、世話アリは菌糸束を幼虫の口の前に置く。蛹化は同じ状態で起こり、通常、卵から成虫への成長の全過程において常に菌糸に包まれている（図15参照）。

若い成虫となった働きアリは古い働きアリから吐き戻しを口移しに与えられ、あるいは直接に菌を食う。アリの全生涯を通じて活動時間のほとんどは、触角で菌糸をさぐり、それをなめ、あるいは菌園の再構築などしながら、菌体と接触して費やされる（図14参照）。

葉切りを仕事とする働きアリは巣から外へ葉の採集に出かけるが、菌園に戻ると菌を直接に食べ、あるいはほかの働きアリから吐き戻しをもらう（「栄養交換」と言われる）。大型働きアリに同伴して葉の採集に出かける小型働きアリは、しばしば刈り取られた葉片に乗って巣に戻り、葉片のふき取り作業をはじめる。巣内のほかのアリはその葉片を一～二ミリメートルの葉粒に刻む作業に従事している。この活動は菌園で行なわれるから、一群（巣）の全構成員は、その全生涯の大部分ないしすべてを通じて菌体と親密に接触している。

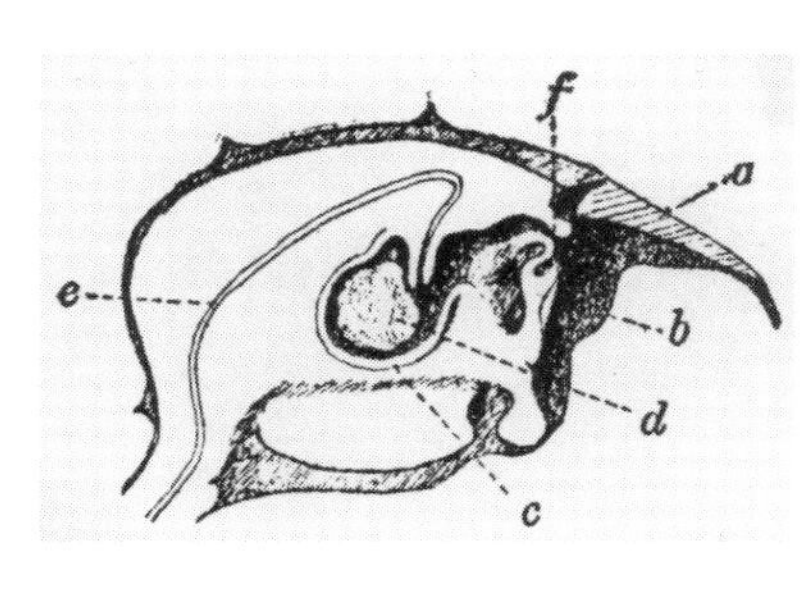

図13
ハキリアリの1種 *Atta sexdens* の女王アリの頭部断面図（Wheeler 1907[165]より）
a：大顎、b：閉じた下唇、c：口嚢（菌嚢）、d：元の巣から運んできた菌糸塊、e：食道、f：口

e　巣の創設と拡張

巣の創設は、女王と呼ばれる一匹のメスによって行なわれる。それはわれわれの身のまわりでみるアシナガバチやスズメバチと基本的には同じだ。

羽アリとして古巣を出て結婚飛翔を行ない、受精した一匹のメスによってハキリアリの一集団は始まる。そのメスは元の巣から菌糸塊を口腔後部の口嚢（図13）につめて運んできている。そのアリ集団の将来の食糧はすべてこのたね菌に由来することになる。メスは羽を落とし、地中に小室をうがって、そこにたね菌を吐き出し、液状の排泄物をそれに施す（図14）。菌糸が繁ってくると卵がそこに産みつけられ、集団（コロニー）が発足する（図15）。メス（女王、母アリ）はたえず菌糸と子どもらをなめる。このように、唾腺と肛門からの分泌物が集団の始まりにあたって決定的な役割を演じ、さきに見たとおり、この型は育ってくる働きアリによってくりかえされる[162]。

巣を拡展するのは働きアリの仕事であるが、巣は最終的にどの程度の規模になるのであろうか。チャイロハキリアリ（*Atta sexdens*）の三年経過した巣では一〇二七室あり、うち三九〇室に菌園があって、アリが居住していた。同じ種の六年半経過した巣では、一九二〇室あり、うち二四八室

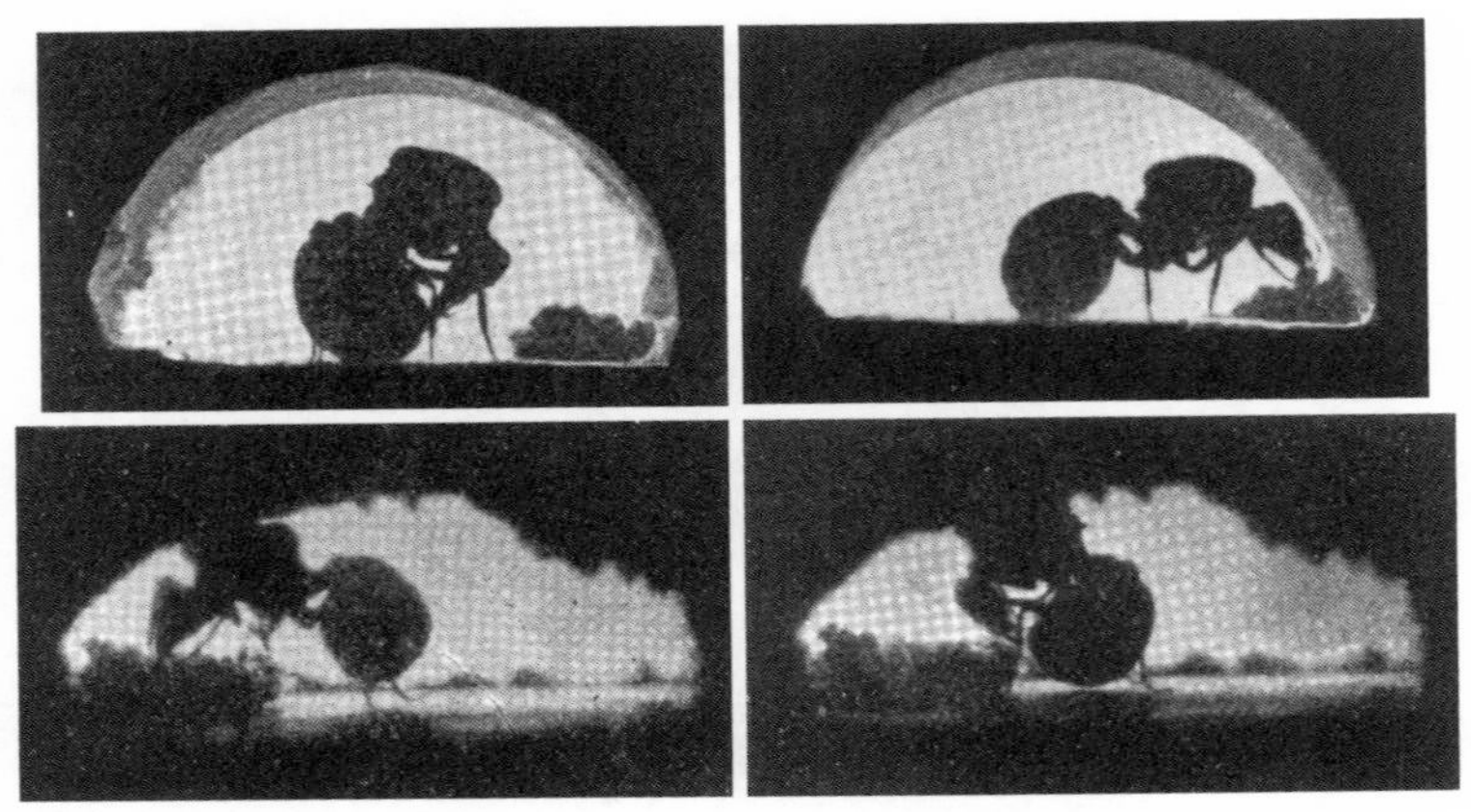

図14　ハキリアリの1種 *Atta sexdens* における、母アリ（女王）の養菌・産卵行動（半面影像）（Huber 1905[55]より）
上左：菌園への施肥。菌糸体片を肛門に持っていく
上右：菌園への施肥。排泄物をくっつけた菌糸体片を再び菌園に戻す
下左：菌園をなめる
下右：産卵

に菌園があって、アリがいた。その巣で掘り出され、地上に積みあげられた土の量は二二・七二立方メートル、約四〇トンあった。その菌園をつくるために刈り集められた葉は五八九二キログラムと推定されている[162]。

f　屋内での実験的飼育　多くのハキリアリ類は、研究室に持ち帰り、菌園をつくらせて飼育することができる。ウェーバー氏[162]は南米ベネズエラ沖のトリニダード島から、三種のハキリアリをアメリカのペンシルベニアに持ち帰り、一〇年間飼育観察した。そこは、それらのアリの分布域からはるかに離れ、気候も熱帯から温帯に変わっている。菌園材料としては、研究室のまわりの植物、つまり元の場所とはちがう植物が用いられた。栽培された菌は、その女

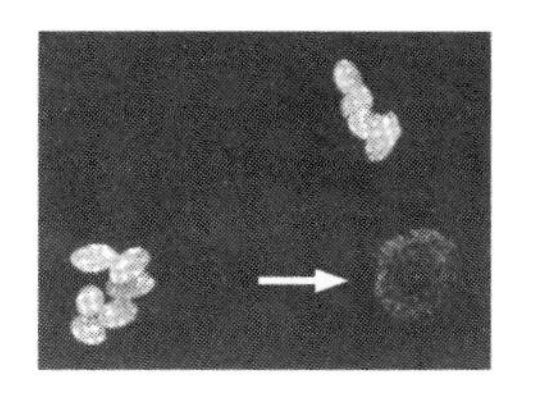

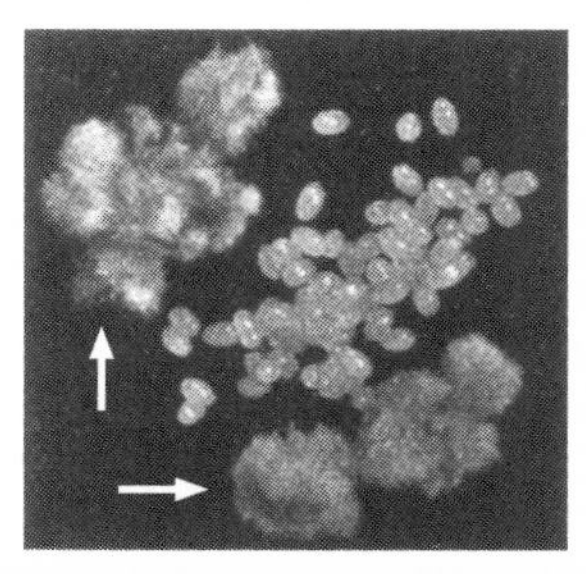

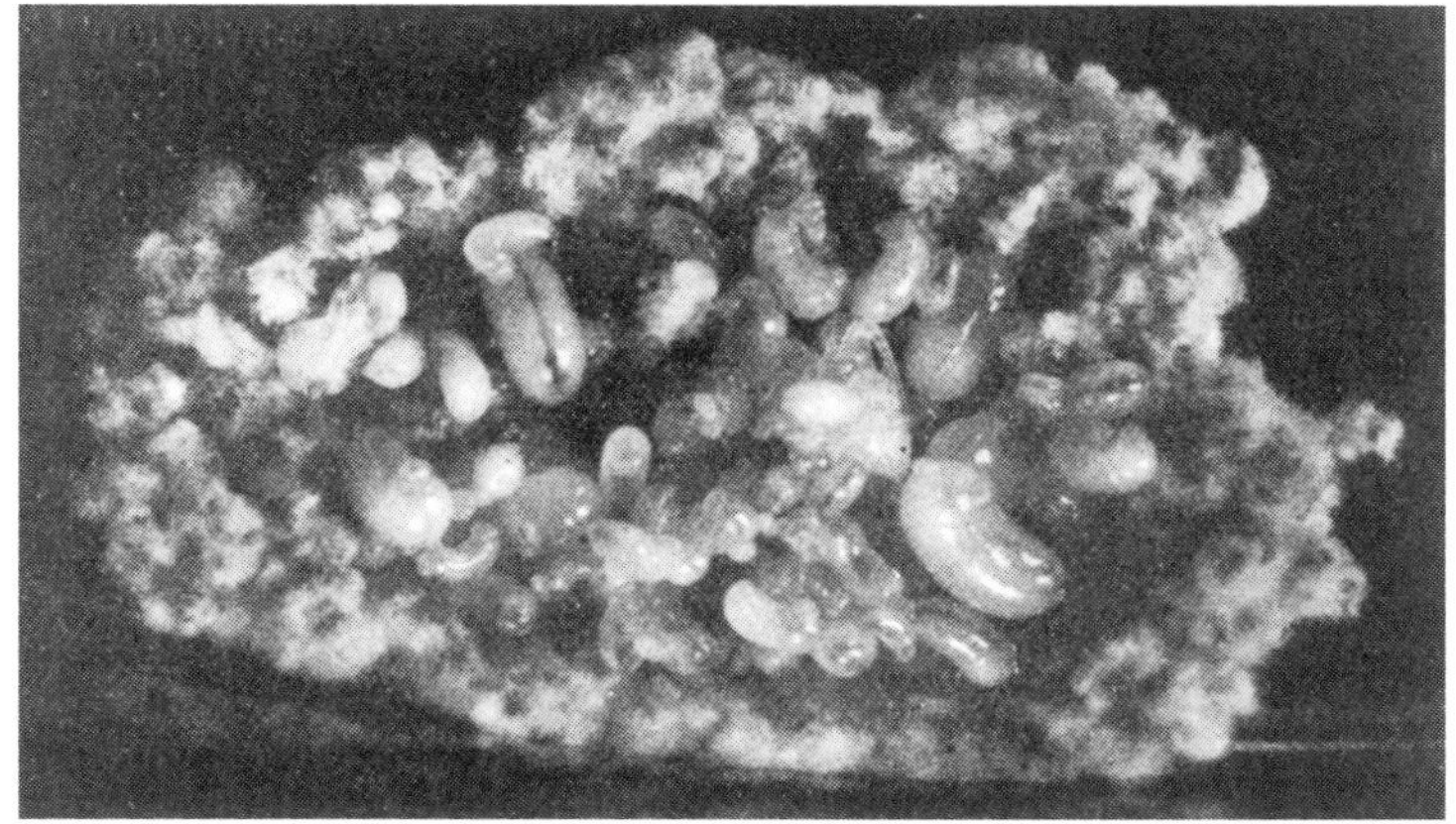

図15　ハキリアリの1種 *Atta sexdens* におけるコロニー（家族）の始まり（Huber 1905[55] より）

上左：結婚飛翔の48時間後における菌糸体（矢印）と卵塊

上右：結婚飛翔の7日後における菌糸体（矢印）と卵塊

下　：4週間を経た菌園。多数の幼虫と小数の蛹が存在する

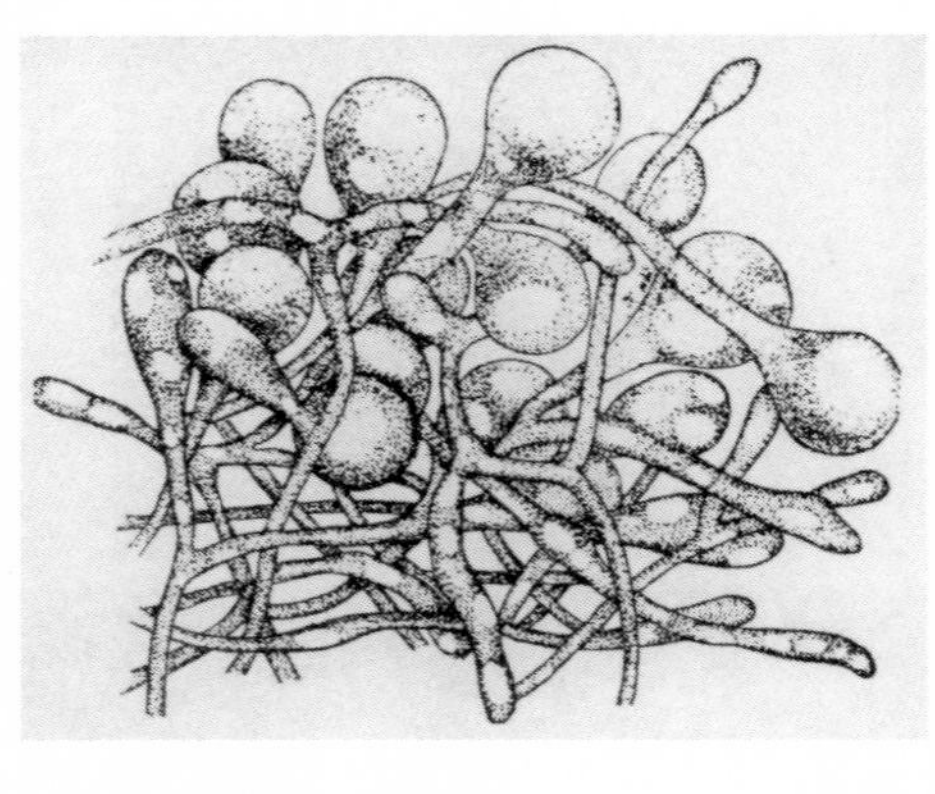

図16
アルゼンチンのハキリアリ*Acromyrmex*によって栽培された菌糸体（C. Bruch原図）（Wheeler 1923[166]より）

王が結婚飛翔のときに運んできて以来の由緒正しい直系株であった。その菌は一〇年間を通じて、熱帯の同属のアリが栽培しているものと形態的に区別できなかった。雑菌は生えず、自然の巣で見られるものと同じ形の菌糸が見られるのみだった……（子実体も現われなかった）。ウェーバー氏はこの飼育によって、アリ集団と菌園の大きさの消長や菌園材料の消費量なども調べたが、それらについてはここではふれない。

ウェーバー氏はまた、ハキリアリが栽培するきのこに近縁のいろいろなきのこ（子実体）をアリに食わせてみた。それによると、アリはカラカサタケ類をおおむね好む反応を示した。野生のほかの担子菌に対する反応の仕方はこれとはかなり異なっていたが、しかしともかく担子菌以外の菌は好まないようであった。たとえばペニシリウムやアスペルギルスの、分生子のできた菌糸塊をアリの菌園に近づけると、アリは敵対的な反応を示して菌園の近くからそれを排除した。

この実験からウェーバー氏は、ハキリアリのそれぞれの種は過去何千年にもわたって、ある特定の系統の菌と特定の関係を進化させてきたと考えている（図16）。

そこでは、アリの栽培行動によって菌の胞子形成（子実体形成）がおさえられている。もしアリが、酵素類・分泌物・その他の産生物をほかの種類のアリとはすこしちがう比率で生ずるように進化したとすれば、そのことが、微妙なちがいをもつ特定の系統の菌を生ずる働きをしたかもしれない。アリと菌は通常はそれぞれほかの種類のアリや菌と接触せず、隔離して存在している。これは明らかに共進化の一例であろうとウェーバー氏は言う。ヒトと栽培きのこ、ヒトと醸造・製パン酵母などとの関係にもこのような面があるのかもしれない。

ここで実験屋の初心にかえってみる。ハキリアリたちは、ほんとうに菌なしでは生活できないのだろうか。ここに、働きアリは植物体液を直接にかなり摂取するという報告がある。[73] それは植物体の切断面からや菌園材料の仕込み作業の中で得られるものである。とはいえ、その働きアリは菌体をたしかに食べて暮らし、さらに菌体はアリ幼虫の唯一の食餌であることにかわりはないという。[28]

g　菌の人工培養

ハキリアリが栽培する菌をそのアリから切り離して試験管に純粋培養するのはむずかしいことではない。すでに前世紀（注：一九世紀）からそれは行なわれている。[92] 培地は菌類の培養にふつうに用いられるものでよく、そこに自然の菌園にみられるのと同じ型の菌糸が成育する。それがもとの菌園の菌に間違いないかどうかは、同じアリに戻して与え、アリが受け入れるかどうかによって確かめる。[162]

しかしそこから子実体にまで成るのはまれで、これまでに数例しか成功していない。それによって分類が試みられたが、はじめに述べたように定説にはいたっていない。ともかく、培養が容易で、ときにそこで子実体もできることからみて、これらの菌は充分に腐生的（死物につく）であると言える。

ところで、アリにとって大切なのは子実体ではなく菌糸であることを示す逸話のようなものがある。ウェーバー氏の培養によって最初に子実体が得られたのは、パナマ産の小さなアリの巣から分離した菌であった。そのアリの巣は林床の小さな石の下にあって、直径四～六ミリメートルの一菌園を含む一室から成っていた。アリ自身の体長は二ミリメートルである。培養してできた子実体は、径二・五センチメートルの傘と、六・八センチメートル×三・五ミリメートルの柄をもっていた[162]。自然においてこの大きさの子実体が、そのように小さな菌園の少量の菌糸体から生ずることは不可能であろう。つまり、アリは自分の菌園から子実体ができるのを期待していないのである。

h　生化学的共生

ハキリアリの菌食の核心はどこにあるのだろうか。それは、シロアリのきのこ栽培の項でも不充分にしかふれていない。マーチン氏[77]の総説をみよう。

マーチン氏らが、菌を栽培するハキリアリの一種とシロアリの一種について調べたところ、その消化液の中に本来は菌がもっていたいろいろな酵素が存在した。さらに、後者シロアリでは、中腸でのセルロース（図17）の消化は、菌を食うことによって得た酵素――「獲得消化酵素（acquired digestive enzymes）」――が存在するときにのみ可能であった。とくに、C_1酵素（結晶性セルロースに対して活性をもつ）はすべて、食べた菌体に由来したものだった（セルロースに富む葉に菌糸が増殖したものをシロアリは食うことを思い出していただきたい）。

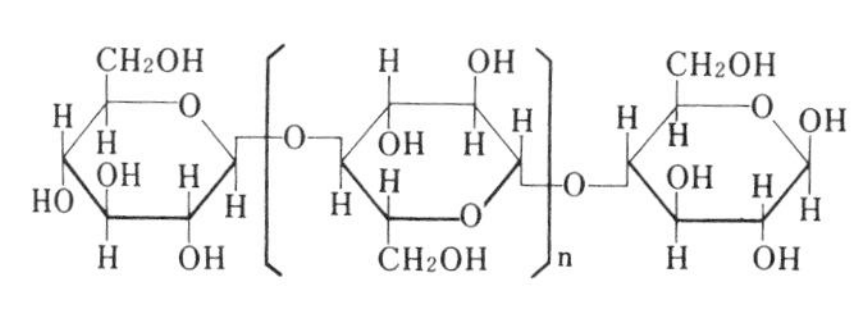

図17
セルロースの構造式

そして前者ハキリアリでは、栽培した菌を食べることによって摂取した酵素は、全消化管を通して活性をもちつづけた。じっさい、それらの酵素は排泄物の中でもなお活性があり、その排泄物は、菌園に埋め込まれるべく準備された葉粒にぬりつけられるのである。そうすると葉粒は菌によって利用されやすくなるはずである。さらに、アリの消化管中の蛋白質分解酵素はすべて菌起源のものであった。すなわちアリは、自身の蛋白質分解酵素を分泌しないことによって菌由来の酵素の消化（破壊）を避けている。言い換えると、アリは菌を食べ、そしてその菌の上に排泄することによって、ふつうには菌体内に保たれている酵素を菌体から解き放ち、ふたたび菌に戻す運搬者として働いているとみることができる[28]。アリの直腸液が菌の生育を促進することができるのはこれによって説明されるだろう。このあたりに共生の核心があるようである。

マーチン氏は「獲得酵素」について、次のように述べている。

「菌体組織または菌が分泌した酵素を含んでいる基物を食べることによって獲得された菌酵素（fungal enzymes）は、それを獲得しつつある生物の消化能力を増加させることができよう。菌類は、植物体や菌体の主要構成要素に対して活性をもつ安定な酵素のすぐれた供給源であるから、菌酵素を獲得することは、木材食や菌食を行なう昆虫にとってとりわけ有用なことであろう」

彼はこのことと関連して、刺激的な考えをいろいろ展開している。それを読むと、

「生態生化学」とでも言うべき広大な領域がうかがわれる。

i　進化史の中で

最後にもういちど地球的視野に戻ろう。アジア・アフリカの熱帯を中心とするシロアリのきのこ栽培と中南米の熱帯を中心とするアリのきのこ栽培とは、地球上での配置が相補的であるが、地球の歴史のうえでとくにつながりがあるのだろうか。ウィルソン氏[168]は次の二つの問いを立ててみた。すなわち、二つの群れが競争によって相手を排除しながら、互いに場所の先取りをしたのか、あるいは、進化史の中で菌栽培が起こったのがきわめてまれであった（アリではただ一回であったと考えられている）ことを反映した偶然の成り行きにすぎなかったのか。ウィルソン氏は、後者のほうに考えが傾いている。つまり、もしハキリアリがシロアリの分布域に導入されるか、あるいは逆のことが行なわれるとその二種類の昆虫はほとんど干渉し合うことなく共存することができると考えられる。なぜなら、ハキリアリは排泄物と新鮮な植物材料を利用するのに対し、シロアリは死んだ植物材料を利用するからである。さらに、アリは地上ないし樹上で採餌するのに対し、シロアリはもともと地下性だからである。

この議論はしかし、アリとシロアリにおけるきのこ栽培がなぜ熱帯で起こったかについては語っていない。この点について、松本氏[84,85]や安部氏[3]が考察をしているが、もともと私は進化の問題は苦手なのでここで打ち切りにしたい。

(6) トビムシの菌食

きのこを介して知ることがおおい虫として、トビムシ（Collembola）がある（図18）。傘の開いたきのこを、とくに雨の中で採ると、傘の下の地面に灰白色または灰黒色の微小な虫がうじゃうじゃといる。傘の裏のひだにもついていて、ひろげた紙の上にきのこを置いておくと、大量に出てくる。そしてぴんぴんと跳ねる。これがトビムシである。

きのこについているときは、彼らはきのこの胞子を専門的に食っているのかもしれない[18]。しかし、ふつうは落葉落枝層の中で、朽ちた落葉落枝と菌糸とを主食としている。たとえば京都のアカマツ林の四種の代表的なトビムシの消化管内容を見ると、種類による差はあまりなく、植物遺体が七三～八六％、菌糸が一一～二二％、胞子・花粉・藻類・動物遺体・鉱物粒子が少量であった[149]。いま落葉落枝と菌糸を（共に）食うと書いたが、菌糸を選んで採食すること（種類）もある。それは、ウシなどが地表の草を採食するのと同様にグレイジング（grazing）と言われる。さらにこの採食においては菌の種類が選り好みされることがあり、それによって落葉落枝の分解の過程と速度が左右される可能性もある[107]。

同様にこの採食によって、きのこ菌糸の分布域（層）が支配されることさえあるかもしれないという。たとえばイギリスのマツ林の落葉層で、オチバタケ（*Gymnopus androsaceus*）の菌糸は表層にかぎられており、クヌギタケの一種ニセチシオタケ（*Mycena galopus*）のそれは下層にある。これは、トビムシの一種のグレイジングによるものかもしれない。なぜならこのトビムシは、室内実験でニセチシオタ

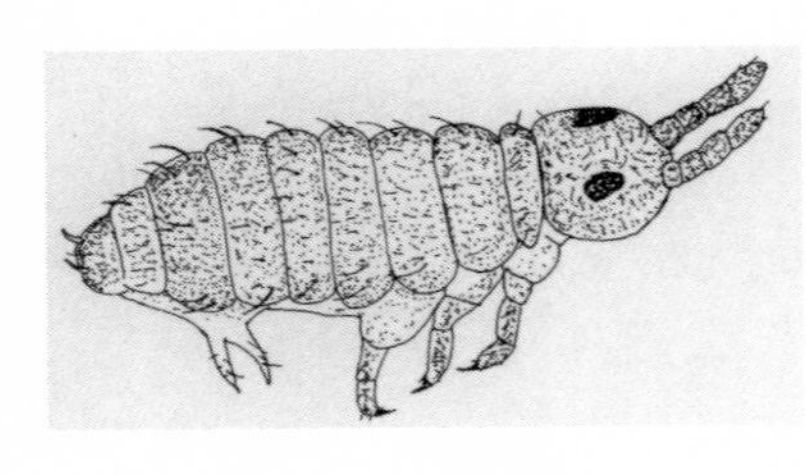

図18
きのこにつくムラサキトビムシのなかま（*Hypogastrura* sp.　体長約1mm）
（武田博清氏原図）

ケよりオチバタケのほうを好んで食べ、いっぽう林地では落葉層表面から深くなるにつれ密度高く住んでいるからである[99]。

植物遺体の分解過程におけるトビムシ、ダニ、ヤスデ、線虫などの土壌無脊椎動物の働きは大きく、またそこでの菌類との相互関係も多様なので多くの研究が行なわれている[8]。スウェーデンの一二〇年生ヨーロッパアカマツ林についての研究をみよう。北方針葉樹林の落葉落枝層の土壌動物相は貧弱なので、土壌微生物との関係においてあまり意味がないのではないかと考えられた。調べてみると、真菌（菌糸）一二〇g／m^2、細菌三九g／m^2に対して土壌動物は一・七g／m^2しかなく、土壌呼吸量の四％を占めるにすぎなかった。しかし彼らは微生物生産量の三〇〜六〇％を消費していた。この結果として、無機化される窒素量（二八kg／ha・年）の一〇〜四九％が彼らによって直接担われており、その七〇％は細菌食者と真菌食者の排泄によるものであった[108]。

虫たちと菌とのこのようなかかわりは、堆肥の中でも起こっている[30]。

(7)　その他の「むし」の菌食

昆虫ではないが、ダニとナメクジについてここでふれておこう。

a　ダニの菌食

ダニ類の中にはきのこ（子実体）にむらがるものもあるが[18]、彼らはより一般的には土壌中で菌糸を食うとみられる[10]。

ダニの中のコナダニ類やホコリダニ類は貯蔵穀物、食品、薬品などにも発生することが知られているが、コナダニ科のコナダニ属（*Tyroglyphus*）やタルソネムス属（*Tarsonemus*）のものが菌類の研究室で発生すると大騒動になる。とくに新しく開設された研究室で大発生することが多いという。加害は二通りある。第一に、ダニは培養された菌糸を食べ、ひどいときは丸裸にする。第二に、彼らは菌の胞子や細菌を体につけて運ぶので、試験管から試験管へ渡り歩くにつれ雑菌による汚染を起こす[16,26]。

一九八六年暮れ、私がアメリカ、オレゴン州コーバリスの林業試験場に着いて何日目かに、この騒動に出会った。私が机をもらった部屋で行なわれていた菌根合成実験の装置や冷蔵庫の中にダニが見つかり、部屋の大掃除となった。そこで行なわれていた実験は全部だめになったのである。その部屋に出入りしはじめてからの日数からみて、私が汚染源でないことは明らかであったが、居心地が悪く、部屋を変えてもらった。なぜなら、野外からの生試料（とくに土壌）の持ち込みや野外との往復が汚染源として可能性が高いと考えられており、まさにそれが私の仕事だったからだ。

しかし実際のところ、汚染源を特定することはむずかしい。あらゆる可能性があり、侵入を防ぐことは不可能だと言われている。不思議というべきか、日本の私の研究室でダニ騒動を経験したことがない。野外から生試料を持ち込む機会も多く、汚れた体でしばしば出入りするのにである。ただ、ダニのことは常に頭にあって、汚染源となりうるものをばらまかないよう注意はしている（コナダニ類が問題だとすると、野外からの生試料の持ち込みをそんなに警戒することはないのではないかという声もある)。

欧米について言えば、一般に、研究室が汚い(ほこりっぽい)。水でぬらした雑巾で机の上をふく習慣がないからである。それがダニ騒動の一因ではないかと思う。私はあんなところで微生物学をやる気はしない(菌学・きのこ学も微生物学)。ただ、無菌操作(無菌培養)を行なうために「クリーンベンチ」と言われる強引な雑菌除去装置(空気濾過装置)が案出された背景はわかったような気がする。

b　ナメクジの菌食

家庭でシイタケを栽培するのはむずかしくないけれども、それをナメクジから守るのはむずかしい。京都の住宅地での私の経験を記そう。

クヌギ丸太一〇本ほどを手に入れて、シイタケの種駒を打ち込み、隣家とのわずかな空間を利用して、ブロック塀に立てかけた。菌糸がうまく活着・蔓延し、やがてきのこが出はじめたが、ナメクジの食害がひどく、ほんとうに腹が立った。昼間はナメクジの姿はあまり見えなかったが、夜、懐中電灯で榾木(ほだぎ)を見ると多数が群がっていて、食害のひどさは納得できた。ナメクジの種類は確認していない。

その食害をなくすため、いろいろな工夫をした。薬剤は使いたくないので、ナメクジが榾木に接近したりはい登ったりするのを減らそうとした。行き着いた最良の方法は、防虫網(網戸の網)を地面および塀と、榾木とのあいだにはさむことだった。匂いにひかれてやってくるナメクジと榾木とを遮断するのである。すなわち、匂いは網を透過してまっすぐ流れるが、ナメクジは網にさえぎられて直進できず、遠く網の縁を迂回しなければならない。迂回するチエはないから、シイタケには到達できない。ここがこの方法のミソである。また、網を使用するだけなら、榾木の環境をほとんど変えずにすむ。

山には、ヤマナメクジ（*Meghimatium fruhstorferi*）という巨大な種類がいる。これがきのこにへばりついているのをときどき見るが、なかなかの壮観である。調査地をくりかえし見に行っていると、あったはずのきのこが軸の下端を残して消えていたりする。こいつのしわざかもしれない。

ナメクジのきのこ食については、ブラー[18]のくわしい解説と観察があり、小川氏[102]によって紹介されてもいるのでここではこれだけにとどめたい。ただ、キチン分解酵素をもつと言われるナメクジの消化管の中で、きのこの胞子が発芽して生きている[18]とはどういうことだろうか。

2——きのこが昆虫を食う

(1) 冬虫夏草

冬には虫であったものが夏には草（きのこ）になる。中国の言葉「冬虫夏草」は、一面ではこのような、ことの次第を表現しているのだろう。すなわちこの言葉は、生きている虫の体に菌が侵入してその虫（寄主）を殺し、その死体内に繁殖、そして養分を利用しつくすと虫体外殻を破ってきのこ（子実体）となって現われる、という現象にうまく合っている。他面では、殺された虫とそこから生えたきのこが一組になっているものを指す。その古典となっているのは、コウモリガ（蝙蝠蛾）の幼虫（いも虫）に*Ophiocordyceps sinensis*という菌が生じたもので、中国の奥地、四川・雲南・青海・甘粛・チ

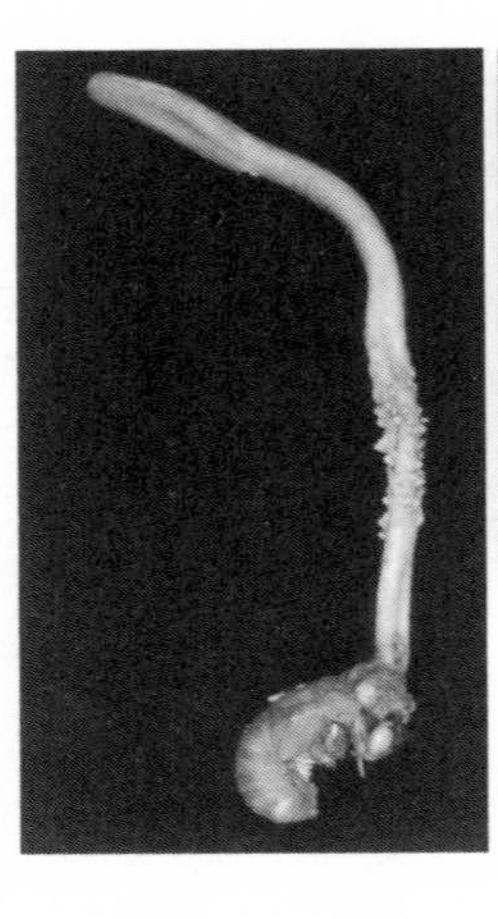

図19　セミタケ（左）とクモタケ（上）
セミタケはニイニイゼミに寄生し、子実体頭部に有性の子嚢胞子を生ずる。クモタケはトダテグモに寄生し、子実体頭部に粉状の無性胞子を生ずる

ベットからネパール・ヒマラヤにかけて、海抜三〇〇〇～四〇〇〇メートルの高地に特産する。不老長寿・強精強壮の秘薬、結核、黄疸、アヘン中毒の解毒薬などとして用いられたほか、高級料理にも重用される[136]。そのため、商品としてかなり多量に取引されている。虫草とも呼ばれる。また、そこに生える菌を云々するときには、冬虫夏草菌という。

冬虫夏草に出会うのはかなりむずかしいけれども、セミタケ（*Ophiocordyceps sobolifera*）、クモタケ（*Nomuraea atypicola*）（図19）あたりまでは見た経験をおもちの方も多いだろう。発生のツボ（坪）と呼ばれる場所[136]を知ると、ほぼ毎年見ることができる。いざ探すとなるとむずかしいが、深入りすると独特の世界が開けるらしく、この方面に関しては独立に本が刊行されている。とくに小林・清水両氏の図譜[68]は世界に誇りうるものだろう。そのもとになった両氏の分類学的貢献も大きい。

a　寄生者と寄主

さて冬虫夏草菌のなかまは、子嚢菌類ボタンタケ目に属するものあるいはその不完全型であるから、傘やひだのあるきのこ（担子菌）ではない。世界で三〇〇種くらいと言われている。分布の中心は高温多湿の熱帯圏とされるが、日本には多い[136]。

寄生される側すなわち寄主は、昆虫、クモそしてある種のきのこ類である。つまり「冬虫夏草」と総称されるものの中には、「冬菌夏菌」とでも呼ぶべきものがある（図21参照）。じっさいには「菌生冬虫夏草」と呼ばれる[136]（後に議論）。さらに最近、植物のサルトリイバラの果実とツルリンドウの果実に生じた冬虫夏草菌が発見されて、新しい属シミズオミセス *Shimizuomyces* がたてられた[67・137]。これはかなり重要な発見だと思うし、後で再びふれるが、まずは狭義の冬虫夏草菌（ノムシタケ科 Cordicipitaceae とオフィオコルジケプス科 Ophiocordycipitaceae）にかぎって話を進めよう。

寄生者の菌は、寄主を厳格に選ぶ。たとえば、セミタケはニイニイゼミだけに寄生し、ヒグラシ、ツクツクボウシ、アブラゼミなどにはつかない。一方、寄主となる昆虫は、二種以上の菌の寄生を受けることもめずらしくない[136・137]。

b　殺生の過程

寄生現象にもいろいろな程度があるが、冬虫夏草の場合は、相手を殺してしまうから「殺生」（サッセイ）と言われる[136]。冬虫夏草そのものについてその過程を追った研究はまだないようであるが、昆虫に寄生するほかのいろいろな菌の場合が参考になる。

まず、菌は昆虫の体のどこから侵入するか。関節や体節間の節間膜から侵入することが多いが、体節の角皮（クチクラ）や感覚器官、呼吸器官、さらに消化管からの侵入も報告されている[22]。次に菌はどのような形で侵入するか。体表に付着した胞子が発芽して、菌糸の形で侵入する。胞子のまま体内に入ることは報告されていないようである。もちろん消化管には胞子の状態で入るが、そこはまだ外界の延長であり、真の体内ではない[22]。

虫体外殻を破っての侵入は、酵素の働きと機械的な圧力とによって行なわれる。培養下で、サナギタケ（*Cordyceps militaris*）は外殻の構成物質キチンを加水分解することができる[22・75]。

体内（血体腔）に入った菌糸は、遊離細胞または菌糸片となり、血液（血リンパ）に乗って循環する。これは分節菌体とも呼ばれ[91]、卵形または先の切れた（尖端のない）形をしていて、酵母様の増殖をする[22・75・91]。そして、寄主の死後にはふつうの菌糸生長に戻る[75]。

やがて死が訪れるが、その前にはいろいろな兆候がある。たとえば、落ち着きがなくなったり、食べ物を摂らなくなったり、調和を欠く行動をとったりする。また、高い所に登る傾向があり、植物体の上のほうに行ったり、地中であれば地表近くへ上がってくる。こういうところで死ねば、寄生者の胞子の分散が助長される[75]。

いま述べたことと矛盾するような表現だが、死は「電撃的」「瞬間的」にやってくるという[137]。それを示す標本を見ていないこともあって私にはよくわからないが、別の理解の仕方もあるのではないだろうか。

ところで菌生冬虫夏草（図21参照）では、寄主のツチダンゴ属菌（*Elaphomyces*）は死なず、寄生者のトリポクラジウム *Tolypocladium* 属菌（タンポタケ類、ハナヤスリタケなど）とともに正常に胞子を形成し、一種の共生生活になるという見解がある[136]。しかしまた、寄生者の菌糸がツチダンゴ子実体の中心まで伸びて胞子の内部まで食ってしまっているという観察もある（吉見昭一氏私信）。なお、寄主たるツチダンゴの栄養源は菌根（7章1節1項）によるようである。つまり、たとえばタンポタケはツチダンゴに寄生し、後者はさらに生きた木の根に寄生（共生）している格好である（8章1節5項参照）。したがって、物質の流れ（変転）は、樹木→ツチダンゴ→タンポタケと図式化されよう。

寄主の死因は、単一の致死的な障害あるいは単一の病巣によるものではなさそうである。菌が出す毒素によるという説（例）や虫体内の可溶性貯蔵物質（遊離アミノ酸、糖類、蛋白質など）が食いつくされるという説（例）がある[22]。寄主はまったく無抵抗なわけではない。まず、菌糸が侵入すると、角皮のその部分に黒色素（メラニン）が沈着し、さらには侵入した菌糸も強く黒化したり、黒色素の鞘でつつまれたりすることがある。これらは寄主の抵抗反応ではないかと考えられている。また、血液（血リンパ）中では、血球による食作用その他の抵抗反応がみられる[22]。

c　きのこへの変態

虫体の養分を利用しながら増殖した菌糸はやがて体内に充満し、菌糸塊（菌核）になる。そしてその菌糸塊から、子実体（子座）が虫体外殻の軟らかいところを破って現われる。しかしその発育はハラタケ目きのこに比べてたいへんおそく、胞子の成熟までには五～二〇か月かかるだろうという[136]。きのこが現われてからわれわれは冬虫夏草の存在に気づくわけであるが、その時点でのこの下の虫をていねいに掘り出してみると、外殻の色つやも体形も生時同様のことが多い。しかし、体内は食いつくされ、消しゴムのように弾力のある菌糸塊となっている。虫が変態することはよく知られているが、ここでは虫から菌核へ、そしてさらに子実体へと鮮やかな「変態」である。

気になっていることがある。寄生者は虫体を養分にして菌核を形成するとされているが、養分となるのは虫体成分のみだろうか。冬虫夏草を掘ってみると、虫体から出た菌糸（束）が周囲の地中に伸びていることがある。それは力学的固着のためだけだろうか。もしかすると、炭素源を周囲の有機物から摂取することがあるのではないだろうか。虫体の窒素に見合うだけの炭素も虫体に充分存在するのだろうかと考えると、この話は現実味を帯びるのではないか。

さらにもし、炭素源だけでなく窒素源をも土壌有機物や木の根からある程度摂りうるとすればどうか。そうすると、冬虫夏草菌は土壌中でも細ぼそと暮らせることになる。つまり、冬虫夏草菌は、胞子の形だけでなく菌糸の形ででも、土壌中で待機しているとみることが可能になる。これは、土はすべての菌が宿り、待機しているところとみる私の妄想かもしれないけれど。

この見方に対して、アブラゼミを寄主とするオオセミタケでは、胞子形成期（京都では五～六月ごろ）とアブラゼミの卵の孵化期とが一致していると言ってくれた人がある。孵化して間もない幼虫にも菌がとりつくことができるとすれば、また菌にとりつかれた幼虫が何年も生きつづけることができるとすれば（きのこが生えるのは四、五齢期）、虫体のみへの寄生を示唆することとして、この話もまた現実味を帯びてくる。

d　生物農薬として

昆虫寄生性の菌を用いて害虫の発生をおさえようという試みがある（生物的防除のひとつ）。冬虫夏草菌がじっさいに利用された例は知らないが、結果として役立っていたらしい一例[44]を紹介しよう。

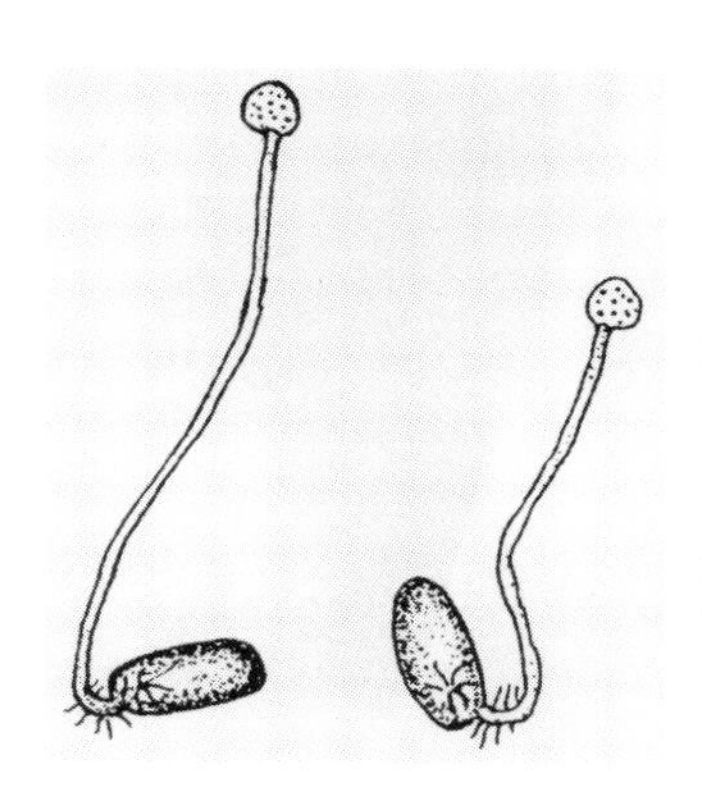
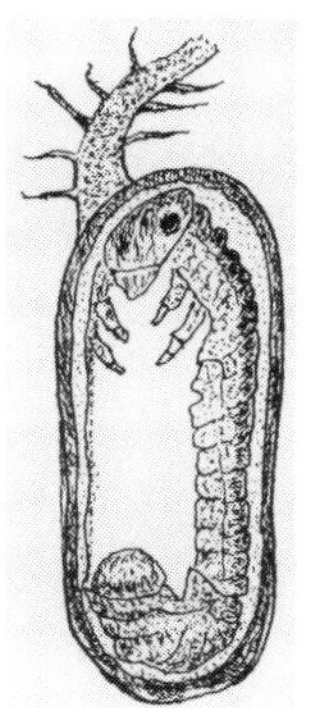

図20
マツノクロホシハバチの繭に寄生したノムシタケ属の1種（浜・小沢 1977[44]より）
左：全体像
右：寄生された繭の内部

マツノクロホシハバチ（*Diprion nipponicus*）はカラマツ壮齢林を枯死させることがあり、法定害虫となっている。一九七一年ころから、長野県南部でこの虫が発生しはじめ、四年後には被害面積が五三〇〇ヘクタールに達した。一九七六年、その地域内の木曽郡日義(ひよし)村（現・木曽町）のカラマツ林内で、ノムシタケ属の一種（当時の分類による）がついた繭が見つかった。そこで一〇〇平方メートルをくわしく調べたところ、同じもの約一〇〇個が見つかった（図20）。

この菌の名前はまだつけられていない。新種である。感染時期も感染場所も不明であるが、マツノクロホシハバチの幼虫が九月下旬に樹から降下して、コケあるいは落葉層の中で結繭(けっけん)したものに菌の発生がみられた。裸地の地表または地中で結繭したものには発病は認められなかった。

ところで、生物的防除はほんとうに有効なのだろうか。私は懐疑的である。そもそも自然のある局面をかぎってどうこうしようという考えにあまり感心しない。しかしイギリスの研究者は、専門を聞くと臆することなく「バイオロジカル・コントロール」と

図21
ワナグラツチダンゴに生えたタンポタケの1種
ものさしの目盛はmm

言っていた。私はそこにヨーロッパの精神をみた気がした。どこまでも人間本位に、自然を利用していこうとする根源的な力を感じたのである。言葉のうえでだけ知っていたヨーロッパの「人間中心主義」というのは、「人間本位主義」、さらに言えば「ヒト類エゴイズム」のことらしいと思った。

e　虫生菌と菌生菌　同じオフィオコルジケプス科の中に、昆虫やクモなどに寄生する「虫生冬虫夏草」と子嚢菌に寄生する「菌生冬虫夏草」とがある（図21）。たとえばセミタケ類とタンポタケ類を見比べれば、寄生者どうしの分類学的な近さはすぐにわかり、同じ科とされることが納得できる。しかるに、寄主は分類学的に大きく離れている。私はこんなことがどうして起こりえたかに関心をいだいてきた。なぜなら、ここに菌類を理解するひとつの鍵——菌類をみるべき見方——があるように思うからである。

あるものに菌がとりつくかどうかは、やはり基本的には物質ないし餌の問題であろう。それが好みに合わなかったり耐えられなかったりしたらとりつかないであろう。そこで、寄主となる虫と同じく寄主となる菌との物質的な類似性が問題になるが、これは幸いにもすでに論じてあった（1章1節5項）。すなわち、キチン、トレハロース、グリコーゲンなど、虫と菌とには共通する物質が存在している。それが、オフィオコルジケプス科内において虫を寄主とする種類と菌を寄主とする種類とに分化させた主因ではなかろうか。つまり、「菌食は虫食に通ず」からここでは「虫食は菌食に通ず」と考えるのである。

もし寄主の菌（例：ツチダンゴ *Elaphomyces granulatus*）を「植物」とみたらどうなるか。植物の象徴はセルロース、リグニン、デンプンなどである。するともう、いま論じた種と生態の分化はまったく理解できなくなる。寄主となるものが「片や虫、片や菌」であったからよかったのであり、「片や動物、片や植物」ではおかしいのである。つまり、あくまで菌は菌としてみなければならないのだ。

この論理でいくと、れっきとした植物サルトリイバラとツルリンドウの果実に生えるシミズオミセスの存在（本節1項のａ）が問題になる。さきに「重要な発見」と言ったのはこのためである。少なくとも、同じオフィオコルジケプス科の中にこのような例が存在しなくてよかったと思っている。しかし、いずれにしてもオフィオコルジケプス科に近縁とされているから、その生態分化（適応放散）は問題になる。それらの果実には、虫あるいは菌に通ずる物質的な特徴があるのだろうか。

3章　線虫ときのこ

1――線虫がきのこを食う

(1) 菌食性線虫

線虫（ネマトーダ、Nematoda）と言えば、今はマツノマダラカミキリとの共同作用でマツの立ち枯れを起こすマツノザイセンチュウ（*Bursaphelenchus xylophilus*）が有名である。むかし、人体（腸）に寄生する回虫がおそれられたが、回虫は線虫類の中で例外的に特大のものであって、マツノザイセンチュウを含む大部分の線虫は体長〇・五～二ミリメートルである（図22左参照）。線のように細いので、肉眼で見えるか見えないかというところだ。このなかまの多くは土壌、糞、朽木などにひろくかつ多量に住んでいる。

食性は多様で、なかに菌食性の群がある。(90,154) また菌食と植物食をともに行なうものもある。早い話、マツノザイセンチュウもこの型といえよう。すなわち、この線虫の培養（飼育）はかび（*Botrytis cinerea*）を生やした培地を用い、そのかびを食わせることによって行なう。マツが枯れたあとは、材内に増殖した菌糸を食うものと考えられている。[64] つまり、マツノザイセンチュウの生活環の中に菌食時代が組みこまれているということだろう。

食べ方は、口針と言われる注射針のような口器を菌糸や植物細胞に突き刺して、中の細胞質を吸う。口針のほかに唾腺（消化液を分泌する腺）性の管を通して吸収する場合があり、その場合はその管はあとに残される。[154] イモグサレセンチュウ（*Ditylenchus destructor*）（ジャガイモを腐らせる線虫）では、一か所の吸引で、ふつう、菌糸細胞三～四個が死ぬ。[9] きのことの関係でみると、ツクリタケ（*Agaricus bisporus*、マッシュルーム）の栽培における線虫害が知られている。*Ditylenchus myceliophagus* やその他の線虫が菌糸を食害し、アンモニアの発生をともなって、生産がいちじるしく減少する。[21・90・148] 培養（飼育）実験では、イモグサレセンチュウは一一五種の菌のうち六四種を食べ、かつ増殖した。[38] その中にハラタケとナラタケが含まれている。植物を攻撃する線虫もふだんは菌食を行なって細ぼそと暮らしているのかもしれない。

また針葉樹ビャクシンの根から分離されたハセンチュウ（*Aphelenchoides*）の一種は、「菌根菌」チチアワタケの培養菌糸をよく食べ、増殖した。[113] さらに、植物の根圏にふつうにいるニセネグサレセンチュウの一種 *Aphelenchus avenae* は、ガンタケ、チチアワタケ、ヌメリイグチ、ドクベニタケなど七種の菌根菌の培養菌糸を食べ、増殖した。[143]

菌根（7章1節1項参照）を侵す線虫もある。アメリカ西海岸の、胸高直径五〇センチメートルのダグラスファーには六つの型の菌根が認められたが、うち二つが線虫に侵されていた。その侵された菌根は臭いですぐわかる。[172]線虫は菌を選り好みして食うから、局所的にせよ、菌根共生における菌側の顔ぶれが左右されるかもしれない。さらに、線虫が菌鞘を局部的に破壊することによって、病原菌の侵入路を開くこともありえよう。[95]

線虫ではないが、アリマキの類（*Pemphigus piceae*）にも菌根を食うものがある。[171]「菌食性線虫」という言葉はいまやふつうに使われており、生態系の分解過程におけるその役割についてはたくさんの研究がある。[8]

2――きのこが線虫を食う

(1)「肉食性きのこ類」

「……しめじ」の名で市販されているヒラタケ（*Pleurotus ostreatus*）は、鋸くずに米糖を混ぜた培地で栽培されるが、自然では枯木を生活の場としている。そのヒラタケが動物食を行なうことが最近明らかになった。

「食う」といっても、ヒラタケに口があるわけではない。すでにご存じのように、きのこの生活体は営、養菌糸である（ふつう栄養菌糸と書くが、イトナムのほうがよいと思う）。その営養菌糸が線虫のからだの中にもぐりこんで養分を吸収するのである。ソーンとバロン氏の研究[151]を紹介しよう。

営養菌糸を寒天に植え、伸び出した菌糸の前方に線虫を置く。菌が毒素でも出すのか、線虫はすぐに動かなくなる。菌糸は線虫に向かって急速に伸び、口または肛門から侵入する。二四時間以内に線虫体内は菌糸で満たされ、中身が消化される。ヒラタケと同じ属の、タモギタケ（*Pleurotus cornucopiae*）などほかの四種のきのこでも同様のことがみられた。

ヒラタケと同じように朽木に生えるナガミノシジミタケ（*Resupinatus silvanus*）とヒメムキタケ属（*Hohenbuehelia*）の三種では、営養菌糸上に粘着性の特殊細胞がつくられる。それによって通りかかった線虫を捕らえ、菌糸が体内に侵入し増殖する。

さらに、ヒメムキタケ属のほかの二種では、その分生子が粘着性のこぶをつくる。これによって線虫に付着し、侵入する。

従来から、わなをしかけて線虫を捕らえる「線虫捕食菌」（nematode-trapping fungi）の存在はよく知られていたが、それは不完全菌類に分類されるものであった。すなわち、有性生殖が知られておらず、系統分類上の位置がわからないものであった（「かび」と言われるものの多くがここに含まれる）。ところが、約一五〇種知られていた線虫捕食菌の中でネマトクトヌス属（*Nematoctonus*）の九種は、担子菌類（きのこの多くを含む）の特徴であるクランプ・コネクション（かすがい連結）を菌糸上につくった。そして、土壌から分離培養したネマトクトヌスの一種は、ヒメムキタケ属の子実体を生じた。そこ

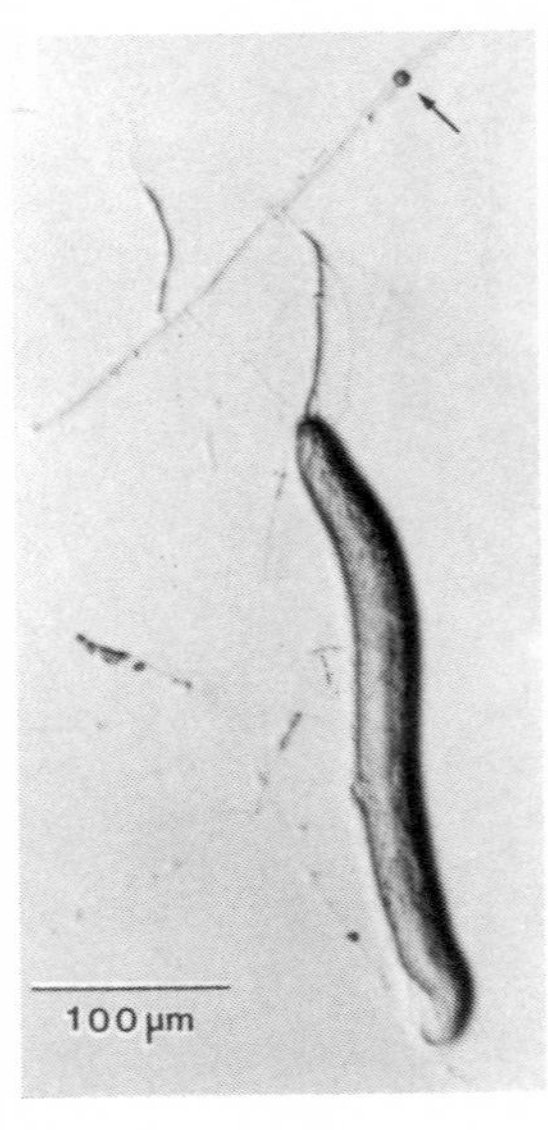

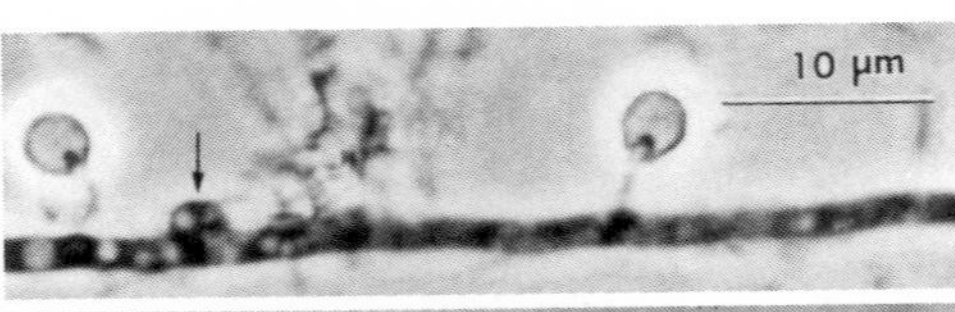

図22　ヒラタケ菌糸による線虫捕食(犀川政稔氏原図[131])
左：粘着性こぶ（knobs）で捕らえられた線虫(口部にくっついている)。矢印は菌糸から直立している粘着性こぶ
右上：二次菌糸上にみられる二つの粘着性こぶ。こぶは粘質物で包まれている。矢印は二次菌糸であることを示すクランプ・コネクション
右下：粘質物を取り除いたときの粘着性こぶの姿

で逆に、朽木に生えるきのこ二七種について線虫を捕食するかどうかを調べたところ、前記の結果が得られたのである。

枯木はもともと窒素分に乏しい。多種の微生物のあいだでその奪い合いが起こるだろう。そのような状況下で、線虫捕食能をもつのは有利かもしれない（以上、ソーンとバロン氏による）。「肉食性きのこ類」と題したこの報告は、アメリカの週刊科学誌『サイエンス』に載った。「やはりありましたね！」と言ってこれを知らせてくれたのは、「きのこの生物学」シリーズのほかの本を担当している鈴木彰氏である。私はこのことずばりを予言していたのではない。しかし、朽木の中に住む小動物の死体や排泄物から出るであろう窒素（アンモニア）には関心があった。それは少量とはいえ、窒素に乏しいはずの朽木の中で菌の身になってみればボタモ

チ、いやビフテキであろう。とすると、後に紹介する「アンモニア菌」のようなものが、朽木の中にも存在するのではないか。朽木の中のドラマもずいぶん華やかなものかもしれないと思っていたのである。

その後、日本での研究でもヒラタケの線虫捕食性は確かめられた[131]。そしてその捕食様式として、はじめに報告されたようなもののほかに、粘着性こぶによる場合が新たに見出された（図22）。供試した線虫の三〇～五〇％はこの様式で捕らえられている。さらにそのこぶは、二次菌糸だけでなく一次菌糸にも生じ、同様に捕食性があるという。ちなみに、「一次菌糸」は有性の胞子（担子胞子）が発芽して伸びた菌糸、「二次菌糸」は異性の一次菌糸どうしが接合したのちに伸びた菌糸のことである。

(2) 線虫を破壊するかび

この項は4章2節1項（「アンモニア菌」）とあわせて読んでいただくとよい。「きのこ」の範囲をはずれるけれども、私自身がかかわっていることなので書いておきたい。

林地に尿素やアンモニア水を施与すると一群の決まった種類のかびやきのこが遷移的に生えるが、その現象は菌類（真菌類）だけの反応ではない。ある種のバクテリア（細菌類）や線虫も施与後の初期に大増殖する。これらの生物の相互間にどのような関係があるかということは、長年の懸案であったし今でもそうだ。たとえば、大増殖したバクテリアや線虫はやがて死ぬはずだが、その死体はどうなるか。それを食べて生える菌類もあるのではないか。さらに、前項でみたように、生きている線虫を捕食するきのこさえあるのではないか。……しかし自身では研究の手がまわらず、一九八六年に長期外国旅行へ出る際、この問題を「遺言」としてある線虫研究者にあずけて行った。

出張先のイギリスでも尿素施与実験を行なった――このような化学的処理（または撹乱）は、私とそこの自然との対話の方法でもある。すると、日本では見たことのないかびが一面に生えた。どうもロパロミセス（*Rhopalomyces*）らしい。図37のトムライカビをうんと小型にしたようなものだった。ロパロミセスと言えば、線虫を攻撃する種類があることが知られている。線虫とのつながりが明らかになるかもしれない期待をこめて、イギリス連邦菌学研究所ＣＭＩ（現CAB International）にその菌の同定を求めた。回答は、

「*Rhopalomyces elegans* var. *minor*」

であった。

ロパロミセス・エレガンス（*Rhopalomyces elegans*）は、線虫を攻撃するとして知られているまさにその菌である。すなわち、この菌は腐りつつある動植物残渣や土と混ざった動物糞などに生え[31]、線虫の卵・幼虫・成虫を侵して食べることが見出されている[11,32]。Var. *minor*という型（種内変異）についてはそのような事実がまだ報告されていないが、多分にその可能性がある。日本でうつうつと考えていたことが、はるかイギリスまで行ってだいぶ現実味を帯びてきたようだ。

一方、尿素施与区に増殖する線虫の種類は何かということも長年の懸案であった。私の外遊は、その線虫を同定してくれる人をさがす旅でもあった。面識を得たベルリン自由大学教授ズートハウス氏（W.

Sudhaus）に、帰国後、尿素施与区の線虫を送ったところ、*Rhabditis crenata* と *Rhabditophanus* sp. の二種が明らかになった。これらの属の線虫は、おおむねバクテリア食を行なうことが知られている[90]。尿素施与区に大増殖するバクテリアを食うとすれば、

バクテリア（細菌）→線虫（*Rhabditis, Phabditophanus*）→菌（真菌 *Rhopalomyces*）

という食物連鎖の存在がおぼろげながらも浮かんでくる。

さらに、この矢印でつながれた系の最後にくる菌の胞子の発芽は、系の最初にきたバクテリアによってもたらされている可能性さえある。エリス氏[31]によれば、ある種のバクテリアは、そのバクテリアの生育に好適なアルカリ性条件下で、ロパロミセス・エレガンスの胞子の発芽を促進する物質を産生する。そのうえそのバクテリアは、ロパロミセス・エレガンスの攻撃を受けるべき線虫 *Rhabditis* sp. の餌にもなりうるという。

ここにみられる三者関係は尿素施与区にもあてはまりそうだ。すなわち、尿素施与後の初期、生じたアンモニアによって土壌はアルカリ性になる。そのとき増殖するバクテリアが産生した物質によって *Rhopalomyces elegans* var. *minor* の胞子は発芽し、菌糸状態で待ちうける。やがてそのバクテリアを食って増殖してくる線虫やその卵をこの菌は攻撃し、養分を吸収しつくして再び胞子をつくる（胞子になる）、という構図である。

バロン氏も、自ら「魅惑的な仮説」と称して、ロパロミセス・エレガンスについてすでに同様の考えを述べている[12]。

4章 排泄物ときのこ

1——糞そのものに生える菌

(1) 糞生菌

a 古くて新しい対象　イギリス菌学会一九六九年度会長ウェブスター氏の会長講演は「Coprophilous fungi（好糞菌）」という題であった[163]。糞を好んで生える菌類のことで、日本では「糞生菌」と呼ばれている。糞生菌に関する研究の歴史はたいへん古いが、今でも（注：一九八〇年代後半）各国菌学会会誌のほとんど毎巻に論文が載る。イギリスでは、「コプローム（coprome）」と称する糞のモデルを用いて実験的に解析しようとしている[169]。

さて、ウェブスター氏はその講演の冒頭で、次のように言っている。

「菌類を専門的に研究しようと思う初心者にとって、新鮮な糞をシャーレに入れて窓ぎわに置いたとき

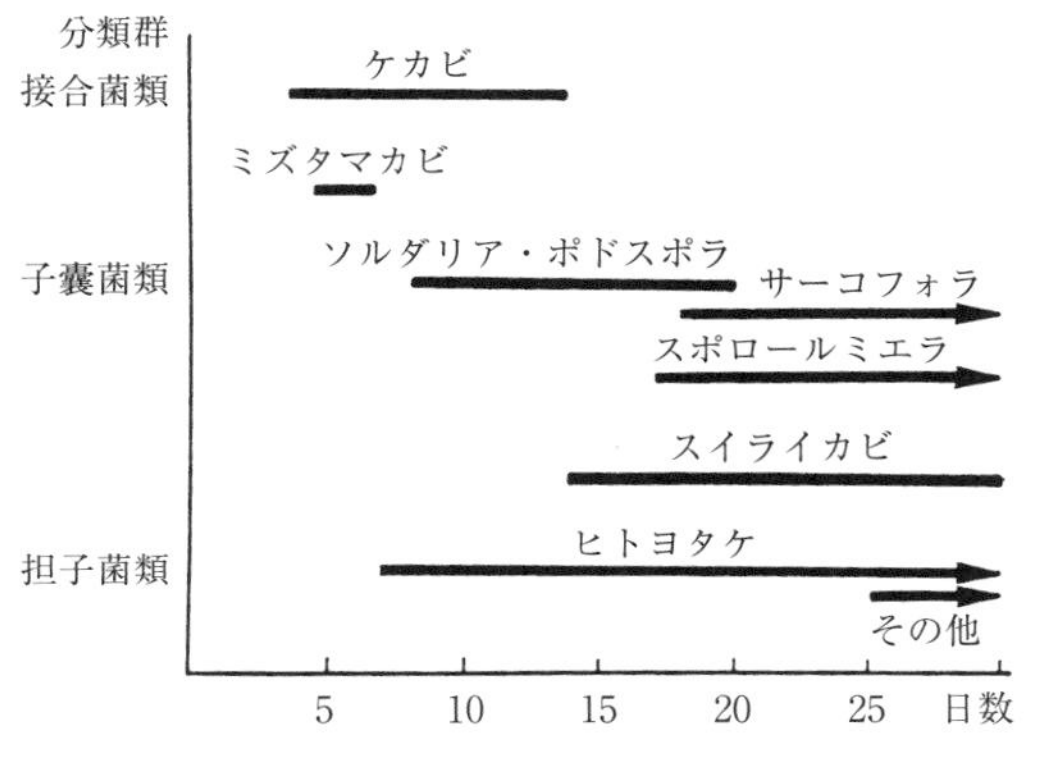

図23
馬糞上に発生する菌類とその移り変わり（宇田川・古谷 1979[156]より改変）

に現われる菌の移り変わりを追跡すること以上によい手引きはない」

この項は、「きのこ」以外の微小菌類も含めて話を進めたい。

b　糞生菌実習　糞に特有の菌類が生えるという事実をみることによって、自然界における後始末の過程に菌類が働いていることを実感してもらうため、私の生物学実習（教養課程二年）では糞生菌の観察を行なった。

材料の馬糞を得るため、学生とともに馬術部の厩舎へ行き、「フンをもらいにきました」と声をかける。馬術部の諸君は気持ちよく、産まれたてホヤホヤの糞を集めてくれる。われわれ素人が馬のうしろにまわって蹴られてはかなわないから、ここは馬術部員にやってもらう。実習室に持ち帰った糞は腰高シャーレに入れ、水を加え、密閉しないように蓋をする。

一週間後の実習日には、暖かい季節であればすでに初期相が盛りを過ぎていることが多い（図23）。ミズタマカビ（*Pilobolus* sp.、接合菌）（図24右参照）の黒い胞子嚢がはじき飛んで、シ

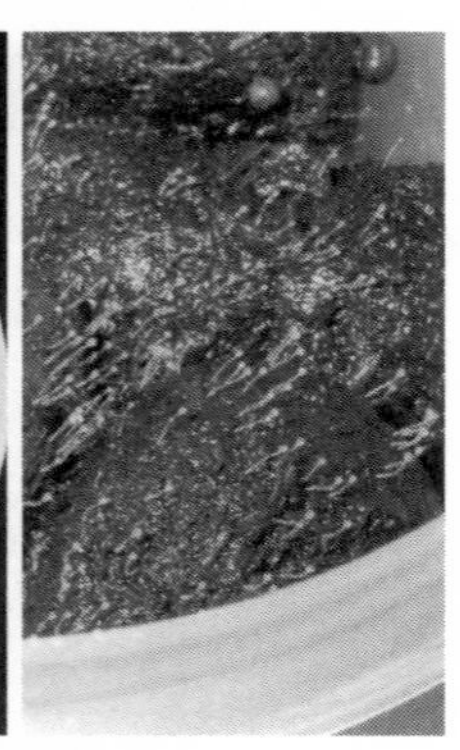

図24　馬糞に生えた菌（光が来るほうへ向いている）
左：ヒトヨタケの1種
右：ミズタマカビの1種（これは遷移後期に現われた）

ャーレの蓋の下面を黒い点またはその連続した黒い汁状のものが覆っている。それでも実体顕微鏡でていねいにみれば、まだ若いミズタマカビが見つかる。たいていケカビ類（*Mucor*、接合菌）もいっしょに生えていて、糞塊が綿でくるまれたように見えることが多い。このときすでにヒトヨタケ類（*Coprinopsis*）の子実体原基（白い菌糸塊）ができはじめていることもある。

翌週にはミズタマカビはほとんど完全に消え、ヒトヨタケが目立つ（図24左）。実体顕微鏡で糞塊表面を観察すると、子嚢菌のソルダリア（*Sordaria*）、サッコボルス（*Saccobolus*）、スイライカビ（*Ascobolus*）なども見られる。線虫やダニも目につく。線虫はおそらく細菌捕食性か菌食性であろうし、ダニは菌食性や線虫捕食性であろう。糞を舞台にくりひろげられる生物間のドラマを察することができる。

野外で排泄され、そのまま放置された糞であれば、このあとヒトヨタケ、オキナタケ（*Bolbitius*）、ヒカゲタケ（*Panaeolus*）、モエギタケ（*Stropharia*）、タマハジキタケ（*Sphaerobolus*）などのきのこ（担子菌）が発生することがある。きのことしてはみられなくても、これらの菌が糞内に増殖していることは充分にありうる。

一度の実習で、糞生菌の多くの種類に出会えるわけではないが、教える側として同じことを何度もやっていると、文献で知られる糞生菌の多くに出会った。つまり、糞に特有の菌が生えるという現象とその種類相はほぼ世界共通なのである。

マキエダケカビ（*Helicostylum*）の奇妙で美しい姿、サッコボルスの巨大な胞子とその塊、などなど、見ものとしても私には楽しかった。ただし、学生諸君の中には、野外での植生観察などに比べるとおもしろくないという感想もあった。菌類学あるいは微生物学、換言すれば分解過程学または後始末学には、本質的におとなの学問とでもいうべきところがある。

c　糞生菌における適応

糞上に現われる菌の中には、糞だけに生えるもの、糞に生えるのがふつうではあるが、ほかの場所でも見つかるもの、糞を好むわけではないが糞にも生えることができるもの、などがある[28]。すなわち、好糞度にちがいがある。そして、好糞度の高いものについてみると、次のような適応の現象がみられる。ハドソン氏[56]から引用する。

「……それらの菌類は、分類学的にはつながりはないがその住み場所に対して共通の適応を示している。多くの種類では、胞子をささえる構造物（接合菌であれば、胞子嚢柄）が屈光性によって光のほうを向く（図24右）。これは射出式胞子拡散機構と相いともなっていて、それによって胞子は光に向けて飛ばされ、古くなった今の住み処から周囲の草に散布される。胞子は射出の際、多数の胞子からなる塊になっていて、たとえば子嚢または胞子嚢の全内容物がひと塊りとなって飛ぶ。その物体（塊）が大きければ大きいほど、拡散に対する空気抵抗は少ない。射出された物体はしばしば粘質物を帯びていて、いったん何かにぶっつかるとそれに粘着して、なかなか地面に落ちない。胞子の細胞壁はしばしば着色していて、原形質が陽光に過剰にさらされるのを防いでいる。胞子は草とともに摂食され、動物の消化管を通過しても生きつづける。全部ではないが多くの菌は発芽の前にこのような処理が必要らしい。

「好糞」という性質は菌類界にひろく存在するけれども、それぞれの大分類群の中ではかたよっている[28]。すなわち、接合菌ではケカビ目（Mucorales）に、子嚢菌ではギムノアスクス科（Gymnoascaceae）、スイライカビ科（Ascobolaceae）およびフンタマカビ科（Sordariaceae）に、担子菌ではオキナタケ科（Bolbitiaceae）、ナヨタケ科（Psathrellaceae）およびモエギタケ科（Strophariaceae）に属している[28,156]。動物の種類がちがえばその糞に生える菌がちがうことがある程度認められており、とくに反芻動物とそうでないもののちがいがいちじるしい。たとえば、ウサギとヒツジに同じ飼料を与えたところ、ウサギの糞には核菌類のほうが頻度高く現われ、ヒツジの糞には盤菌類のほうが頻度高く現われた[167]。

ここで大事なことは、「糞生菌」として話題にされるのは、たいてい、草食動物の糞に現われる菌であることである。肉食動物や雑食動物の糞について語られることは少ない。肉食・雑食動物の糞は汚物感が強く、あるいは分解されて姿を消すのも早いせいかもしれない。それらにも生える菌はあるのだが、ここにまとめる余力がない。

d　消化管の通過

糞に生える菌はどこからやってきて住みつくのだろうか。本項のｃの引用文の最後で、胞子が動物の消化管を生きて通るとされているが、糞として排出されてからのち、空中からやってくることはないのだろうか。あるいは、土から伸びあがってくることはないのだろうか。

まず、生きて消化管を通過する胞子または菌糸があることは確からしい。殺したばかりの家兎の腸から糞をとり出しても、そこに多くの糞生菌が生える。[82] たしかに、遷移初期に出現する菌は、空中や地中からパラパラと散漫に胞子や菌糸でやってきたのでは、あれだけ短時日のうちに菌糸が増殖し胞子形成にいたることはむずかしいだろう。

消化管を通過して生きるにはさまざまの難関がある。高温、大きく変動するpH値、低い酸化還元電位（低酸素濃度）、消化液の働き、などである。これらの複合作用によって相当部分の胞子およびほとんどの菌糸は破壊されるだろう。[28] 難関は生物を選ぶ。これらの難関に耐え、またはそれを逆に利用するところに糞生菌の適応――最近の言葉で言えば、「生存戦略」――があるのかもしれない。

次に、胞子が発芽するために消化管の通過を必要とする菌はたしかに存在するようである。マグソヒトヨタケ（*Coprinus sterquilinus*）の厚い胞子堆に馬糞をころがしてまぶしても、その菌はその糞に住みつかず、きのこは生えなかった。[20] またスイライカビの一種 *Ascobolus furfuraceus* の胞子をパンにつけて家兎に食べさせると、その胞子は糞が排泄されたときにはすでに発芽していた。[61] しかしほかの実験では、いろいろな糞生菌の胞子をたくさんつけた餌を家兎に食べさせたけれども、その糞の中に発芽した胞子を見出せなかった。[46] いっぽう糞生菌の中には、三七℃、試験管内でアルカリ性パンクレアチン

（膵臓から分泌される酵素）に胞子を漬けると発芽が促進されるものがある。またしかし、典型的な糞生菌の中でも、同じ処理で逆に発芽率がいちじるしく下がるだけでなく、じっさいにウシの消化管を通過することによって生存率がいちじるしく下がるものもある。[28,163] ともあれ、休眠性胞子の発芽促進、胞子嚢からの胞子の解放（接合菌において）などが、消化管通過によって起こるかもしれない。[28]

さて、消化管を通過してくるもの（こと）はあるにしても、地中や空中からやってくるもの（こと）はないのだろうか。このことについては本項のgでさらに検討したい。

e　遷移の機構

糞上に現われる菌の種類の移り変わりは、たいへんおおまかにみれば、

接合菌→子嚢菌→担子菌

となっている。[28] 不完全菌は、これらと並行して出現する。[93] このような遷移はどのようにして起こるのだろうか。ここに、「栄養仮説」と言われるものがある。[163]

接合菌のケカビ類はセルロースを分解する能力がなく、糖類のような可溶性炭水化物を必要とする。その胞子は発芽しやすく、菌糸の生長は早い。このような性質によって、糞に糖類やヘミセルロースなど消費されやすい可溶性物質が存在する初期のあいだは、ケカビ類の増殖期となる。子嚢菌はセルロースを分解する能力があり、可溶性の物質が消費されたあと登場する。つづく担子菌は、種類によってはセルロースのみならずリグニンをも分解する能力があり、すなわち分解しにくい残り物を食って生活する。

この仮説は、もともと土壌中の植物遺体などの分解との関連で提出されたものであったが、糞生菌の

遷移にも当てはまるようにみえた。しかし、証明されたわけではない[94]。むしろ、遷移現象の基盤として、個々の種の特性、すなわち胞子発芽に要する時間、発芽管伸長速度、菌糸の生長速度、子実体形成に要する時間、ほかの微生物との競争力、などを重視するむきもある[93]。ひらたく割り切って言うと、個々の菌はそれぞれの個性にしたがってかなり勝手に動いており、その結果が遷移という形でみられるにすぎないということだろうか。このことは本項のgでさらに議論する。

f　糞生菌の進化

鳥類および哺乳類の糞からは多くの糞生菌が知られているが、両棲類や爬虫類の糞からはほとんど知られていない（例外はカエルの糞に生える *Basidiobolus ranarum*）。また、いくつかの糞生菌の休眠胞子は熱によって活性化される。これらのことから、動物において恒温動物への進化が起こったのと菌類において好糞性が生じたのとは関係していると考えられてきた[28,163]。しかし変温動物の糞に関する記録が少ないのは、単に関心の低さのせいかもしれない。また、少なくともいくつかの糞生菌の胞子は休眠性がなく、発芽に際して賦活は不要である。さらに、温度刺激なしで、消化液だけで休眠を打破できる可能性も否定できない。したがって、変温動物の中に、濃度や堅さが菌の生育に適した糞を排泄するものがあれば、そこには糞生菌が存在するかもしれない[28]。

g　糞生菌の実験生態学

次節（2節1項）で「アンモニア菌」を紹介するが、それは簡単に言うと、土壌にアンモニア水を撒いたとき、そこを好んで発生する菌類のことである。四十数種を含むが、その中には、糞生菌として知られているもの、あるいは糞上で採集された記録のあるものがある。ウシグソヒトヨタケ、バフンヒトヨタケ、チギレザラミカビ、ハイイロナツカビ、イバリスイライカビ、ケタマカビの一種（*Chaetomium globosum*）など[115]（表4参照）。このことはつまり、これらの菌にとって糞そのものは必ずしも必要ではないということであり、また、動物の消化管を通過する必要もないということである。そこから飛躍して一般的に糞生菌は、糞は無くても、土壌にある種の物質を添加することによって発生させうるのではないか、そしてそれによって、本項のcで引用したような糞生菌の適応についての合目的的な解釈をかなり壊すことができるのではないか、と考えたことがある。

宇田川・古谷両氏[156]はこれに応えるかのように積極的に実験を行なって、興味ある結果を得ている。すなわち、動物の腸内や糞の中に存在することが知られている物質の中から、インドール、スカトール、フェノール、カダベリン、チラミン、ヒスタミン、プトレシン、酢酸および酪酸の九種類を選び、いろいろの濃度で、糞生子嚢菌類の胞子に対する発芽促進効果の有無を調べた。その結果、フェノール（石炭酸）の〇・〇一～〇・〇〇一％という薄い濃度で、ポドスポラ（*Podospora*）とトリアンギュラリア（*Triangularia*）の胞子が発芽し、酢酸の〇・〇五％でアスコデスミス（*Ascodesmis*）、スポロールミエラ（*Sporormiella*）およびソルダリアに効果があった（表3）。

次に、フェノール類について、化学構造と胞子発芽促進効果との関係を調べた。すなわち、フェノール化合物六二種とその他の化合物二六種の計八八種に対する胞子の反応をみた。その結果、有効であったのはフェノール骨格をもつもので、しかも置換基をパラの位置にもつもののみであった。

もしこれらの糞生菌が糞以外のところ、たとえば土壌中にいるとすれば、その土壌をフェノールや酢酸で処理すると胞子は発芽するはずだから、培養基上に分離できるだろう。そのような考えで実験して

表3　フェノール（石炭酸）または酢酸で胞子の発芽が促進された子嚢菌類[156]

菌名	胞子の発芽率（%）	
	フェノール（1×10^{-3} モル）	酢酸（5×10^{-2} モル）
Ascodesmis macrospora	0	97
A. nigricans	0	+
A. porcina	0	+
A. sphaerospora	0	9
Podospora curvicolla	93	0
P. longicollis	52	0
P. pauciseta	9	0
P. setosa	21	0
Sordaria fimicola	13	+
S. humana	15	+
Sporormiella intermedia	0	+
S. isomera	0	+
S. minima	0	+
Strattonia karachiensis	62	0
Triangularia mangenotii	32	0
Zopfiella erostrata	19	0
Z. pilifera	28	0

+：促進作用は有するが発芽率を算出していない

みると、表3に挙げられている菌のうち数種はたしかに土壌からも分離された。

この研究は胞子の発芽をみたものであって、菌の発生（子実体形成）をみたものではないことはよく留意しておかねばならない。しかし前記のアンモニア菌についての観察やこの研究から、少なくとも一部の糞生菌については、その成育に必ずしも糞そのものを必要としないと言えそうである。

同様のことは「焼け跡菌」（焼け跡や焚き火跡を好んで生える菌類）についても言えるのである。すなわち、焼け跡菌の中には、焼くことを必要としない菌が混じっている。[114・199] 彼らは、焼け跡菌としていかにも性質を同じくするようにみえ、あるいは相互に生活上の結びつきが強いようにみえるが、じつはそれぞれ異なる理由によって焼け跡に増殖するものらしい。少なくともそういう菌が含まれている。糞生菌についても同様のことが言えるのかもしれない（本項のe参照）。

本項のdで中断した、糞生菌はどこからやってきて住みつくかという議論にもどろう。宇田川・古谷両氏の研究や私の研究から、糞生菌の中には土に宿っているものがあることは明らかであるし、糞が排泄されたのち土中から糞へ侵入する菌もあるとみてよいのではなかろうか。

(2) 土壌小動物の糞と菌

昆虫その他の節足動物の糞は目立たないけれども、いま述べた草食哺乳類の糞におとらず、その後始末は生態系のたいせつな側面であろう。彼ら節足動物が毎年それぞれの季節にきまって発生することを考えれば想像がつく。このことは7章でもふれるが、ここではその糞に生える菌をみよう。

結論的なことをさきに言えば、土壌節足動物の糞にみられる菌類遷移も草食哺乳類の糞にみられるそれと、基本的には同じ型であるとされている。[74] すなわち、ヤスデの一種（*Glomeris marginata*）の糞についてみると、糞を湿室に入れて三、四日後から一四日目までは接合菌とくにケカビ類が一般的に現われ、その後はいろいろな不完全菌類、胞子を形成しない菌、および子嚢菌ケタマカビ（*Chaetomium*）がふつうにみられた。遷移の後期には、子実体はつくらないけれども担子菌が少なくとも二種存在した。[100]

注目すべきは、ここに現われた種のいずれも、典型的な糞生菌ではないことである。彼らはいろいろの基物上で見出されるものであって、また、少数をのぞいて長期にわたって出現する型である[74]。

ここでも、糞の分解の初期の主役はバクテリアとケカビ類とされており、それは、容易に利用できる炭水化物が存在するためであると考えられている[74]。このことに関していま一歩踏み込んでおきたい。ウエブスター氏[163]は、植物遺体の分解過程にみられる菌類遷移の初期にはケカビ類の相が欠けていることを取りあげ、それは（糞に比べて）窒素含量が少ないことによるのだろうかと疑問を提起している。私が林地の落葉堆にいろいろの物質を施与したとき、ケカビ類の発生がみられたのは、動物死体（海産魚サバ）、ペプトン、酢酸アンモニウム、および酢酸カリウムであった[115]。とくにペプトンはケカビ類の大好物のようである。そこから私は、糞には、蛋白質が半ばこわれたペプトン様の物質が含まれていて、それがケカビ相を生んでいるのではないかと想像する。「栄養仮説[163]」に、蛋白質分解産物の観点を加えたいところである。酢酸化合物にも何か問題がありそうだが、酢酸そのものを施与してもケカビ類は生えなかった。ただし、ペプトンによって発生するケカビと酢酸化合物によって発生するケカビとは、種類がちがうのかもしれない。

2——尿・糞の分解跡に生える菌

ここから6章の終わりまでは、私の研究紹介に近いものになる。枝葉の話が多くて恐縮だが、土壌への尿素施与またはアンモニア施与によってみられる諸現象が、動物の排泄物や死体の分解跡で起こることの基本型を示していると考えられるので、この話からはじめる。

(1)「アンモニア菌」

a　攪乱生態学（disturbance ecology）と尿素効果

「ありのままの自然を調べるのもいいが、山をひとつの生物体と考えていろいろ刺激を与えてみてはどうか」

私の師匠・浜田稔先生があるとき雑談の中でこう言った。そのころ私は大学院生かけ出しで、マツタケとの関係でアカマツ林の植生調査をやっていた。先生の示唆はおもしろいとは思ったが、それを消化し、こなすだけの力はまだ無かった。そして、植生調査につづいてありのままの菌類相（きのこ相）を調査していたが、きのこがある程度わかるようになってから、先生の示唆に立ち戻った。すなわち、山に刺激を与えたときの反応を、きのこを指標にしてみてみようと考えた。なぜなら、樹木は図体が大きすぎて反応がわかりにくかったり見えにくかったりすると考えられるのに対して、きのこは微生物であるから反応も早く、かつ手ごろな大きさであるように思えたからだ。微生物でも細菌（バクテリア）となると、野外でデータを得ることはむずかしい。

「刺激」の手段としては、まず化学的な攪乱を考えた。アカマツ林内に区画を設け、そこにまず数種の肥料を施してみた。マツタケの増産につながる手がかりは得られないかという期待もすこしはあった。

図25　イバリシメジ5態[115・116・216]

1．尿素施与区（4×5ｍの一部）における発生

2．海産魚アジを腐らせた跡における発生

3．ヒトの放尿跡における発生

4．試験管内、ブドウ糖–乾燥酵母–寒天培地における成育。Ｆ：子実体の傘。Ｂ：粉状に見えるところには、（子実体を経由しないで）菌糸体から直接に担子基・担子胞子が形成されている（5を見よ）[216]

5．菌糸体から直接に形成された担子基（Ｂ：アセトカーミン染色）。胞子ができかけている。C:かすがい連結（担子菌の二次菌糸であることを示す構造）

図26　尿素施与区（0.5 × 1m）に生えたアカヒダワカフサタケ(115)

しかし肥料は、安くて大量に使える薬品としてであって、「肥やす」という考えはあまりなかった。それは研究者のあいだで「ぶっかけ試験」といって軽蔑されるたぐいのものであった。しかし、ここで大切なことがひとつある。当時、林地肥培（林業で行なわれる山林への施肥）ということが一部で行なわれており、文献もあった。不勉強な私はそれらの文献を参照しなかったが、もし参照していればそれらに引きずられて、成功しなかったかもしれない。あとでわかったことだが、私の施与量は林地肥培におけるそれより格段に多かったのである。

その結果、過リン酸石灰施与区にキチチタケが大量に発生した。胞子や菌糸をそこに播いたわけではない。これに勢いを得てさらに攪乱を試みたところ、尿素施与区に見たこともない小型のきのこが大発生した（図25の1）。これが後にイバリ

実験区番号　740
ペプトン150g N/0.5×1m
1971年5月2日 施与

子実体または胞子の出現

		1971 v	1971 vii	1971 x	1972 iv	1972 vi	1972 vi	1972 viii	1972 x	1973 x	1974 x	1975 x
A	イバリスイライカビ	+++										
A	イバリシメジ	+++										
A	チギレザラミカビ	++										
A	ホソミノイバリスイライカビ	+										
A	ウネミノイバリチャワンタケ	++	+ +									
A	ザラミノヒトヨタケモドキ		+ +									
A	イバリチャワンタケ		+									
	未同定異担子菌		+									
B	アカヒダワカフサタケ			+ ++	+	+++						
B	イバリスズメノワン			++								
B	ナガエノスギタケダマシ			+	+++	+++	+	++++				
B	アシナガヌメリ			++		++						
B	オオキツネタケ			+	++				+	++ +	+	+…
B	アカショウロ								+			
	(オチバタケ)		+									
	(フウセンタケ属の1種)									+		
	(フウセンタケ属の1種)										+	

図27　ペプトン施与区に発生した菌とその移り変わり（京都市北郊のアカマツ林）（未発表）
年号の下のｖ、vii、ｘ…は月を表わす。Ａは遷移前期、Ｂは遷移後期。（　）内の菌は処理と無関係かまたは処理の影響から回復して発生したとみられるもの

シメジと名づけられたものである。地表をていねいに見ると、小型のチャワンタケ二種も発生していた。そして区内には、区外一般でみられるきのこは生えていなかった。さらに、このような、特殊な（選ばれた）きのこの発生は前記三菌にとどまらなかった（表4）。種類相の移り変わりがあるのだ。数か月を経て実験区を再訪してみると、大きな（食欲の対象になるような）きのこが生えており（図26）、地中にはその営養菌糸と樹木の細根がいちじるしく繁っていた。このような大型きのこは、二〜三年にわたってきのこシーズンごとに現われた（図27、ペプトンは、尿素と同様に、分解してアンモニアになる）。

　日本全体で合計すると、尿素施与土壌を好んで発生する菌として、約四〇種が数え

表4　山林に生える主なアンモニア菌の種類（図50参照）とそのおおまかな発生順位（発生順に配列、図27参照）、およびそれぞれの種を発生させるに適した尿素施与時期（京都において）

	和名	学名	所属	処理適期
遷移前期	チギレザラミカビ（仮称）	*Amblyosporium botrytis*	不完全菌	通年
	ハイイロナツカビ（仮称）	*Cladorrhinum foecundissimum*	〃	夏
	イバリスイライカビ（仮称）	*Ascobolus denudatus*	子嚢菌チャワンタケ目	冬
	ホソミノイバリスイライカビ（仮称）	*Ascobolus hansenii*	〃	不明
	トキイロニョウソチャワンタケ（仮称）	*Pseudombrophila deerata*	〃	冬
	イバリシメジ*	*Sagaranella tylicolor***	担子菌ハラタケ目	冬
	ウネミノイバリチャワンタケ（仮称）	*Peziza urinophila*	子嚢菌チャワンタケ目	夏
	イバリチャワンタケ（青木）	*Peziza moravecii*	〃	冬
	コツブザラエノヒトヨタケ	*Coprinopsis neolagopus*	担子菌ハラタケ目	夏
	ザラミノヒトヨタケモドキ	*Coprinopsis echinosporus*	〃	冬
	ザラミノヒトヨタケ	*Coprinopsis phlyctidosporus*	〃	夏
	コプミノシバフタケ	*Panaeolina sagarae*	〃	夏
	イバリスズメノワン（仮称）	*Humaria velenovskyi*	子嚢菌チャワンタケ目	不明
遷移後期	タマニョウソシメジ	*Sagaranella gibberosa****	担子菌ハラタケ目	冬
	モリノニオイシメジ	*Calocybe leucocephala*****	〃	冬
	アカヒダワカフサタケ	*Hebeloma vinosophyllum*	〃	夏
	ナガエノスギタケダマシ	*Hebeloma radicosoides*	〃	通年
	アシナガヌメリ	*Hebeloma danicum******	〃	冬
	オオキツネタケ	*Laccaria bicolor*	〃	通年

異名　*ザラミノヒメシメジ（青木）、***Lyophyllum tylicolor*、****Lyophyllum gibberosum*、*****Lyophyllum leucocephalum*、******Hebeloma spoliatum*

られる（かびを含む）。それらの中には新種や日本未記録がかなりあった。種類としては知られている菌でも、尿素によって生えるというような性質は知られていなかった。（補記1）

なお、尿素の施与によって増殖するのは（真）菌類だけではなく、施与後の初期にはある種の細菌類（バクテリア）や線虫が大増殖し（3章2節2項）、後期には植物根が繁茂する。その遷移後期では菌根関係も問題になる。ここでは深入りしないが、本節4項のfに示すようなことが菌糸と植物根のあいだで起こっているようである。（補記2）

土壌に起こる変化としては、初期には、アンモニア生成によるアンモニア臭、有機物層の黒化、アルカリ化（pH八～一〇）、有機物分解促進、含水率上昇、などがある。やがて臭いは堆肥様になり（温度上昇なし）、pHは徐々に下がるがなかなか元の値には戻らない。含水率はしばらく高い値がつづいたあと、かえって無処理区より低くなる（乾燥する）ことがある。[115・116]

b アンモニア説

さて、尿素が効くとはどういうことか。ほんとうの原因は何か。これを知るため、類似の作用あるいは対照的な作用をもつと考えられる多種の物質を林地に施与してみた。その結果、アンモニア水のほか、分解してアンモニアを生ずるとみられる窒素化合物はいずれも同様の効果を示した（図27）。それらはそれ自身塩基性（アルカリ性）であるか、または分解してアンモニアを発生し塩基性を示すという性質をもっていた。アルカリそのものもある程度有効であったが、それは、一種の「アルカリ効果」によって土壌自身からアンモニアが遊離することによる二次的な効果とみられる。北欧ではアルカリ施与だけで尿素施与と同程度の効果がみられるようで、[109]私もイギリスで実験してそれを確かめた。この効果は、これらの地方では気候が冷涼なため土壌有機物（有機態窒素）の蓄積が多く、したがってアルカリ効果によって放出されるアンモニアが多いことによるものであろう。

アンモニア態窒素と塩基性（アルカリ性）との共存はきわめて不安定できわどい状態であるが、そのような初期条件が与えられることが尿素効果の正体（原因）のようである。それは、もっとも簡単にはアンモニア水によってもたらされるので、アンモニアを有効基本物質と考え、得られた菌類を「アンモニア菌」と呼ぶことにした。[115・116・124]

蛇足ながら、アンモニア菌は生理的に、つまり試験管内純粋培養においてアンモニアを好むことによってとらえられたものではない。あくまで生の土壌においてとらえられたものである。生理的性質についても研究されつつあるが、それによれば、少なくとも一部のアンモニア菌はアンモニアや尿素をよく好む[144]。

アンモニア菌の種類組成をみると、主として子嚢菌と担子菌にひろがっているが、糞生菌の場合と似てそれぞれの大分類群の中ではかたよっている。また、ひとつの科、たとえばナヨタケ科の中でもアンモニア菌として現われるのは決まった数種類である（表4）。なお、アンモニア菌は、林地や草地など、非耕地で認められたものであるが、林地（または山）と草地（または里）とでは、種類相が異なっている。種類数・発生量とも多くて見やすいのは、林地、とくにマツ科とブナ科の林である。

c 〈その後〉の世界

さて、以上のように実験的（人為的）に把握されたアンモニア菌は、自然ではどのようなところに生えるのだろうか。当時は名前のわからないものが多く、それらは文献では調べようがなかったし、名前のわかっているものでも「林内地上に生える」という程度のことしか知られていなかった。それゆえ、自分で調べるほかなかった。この探究の中で、たとえばヒトの放尿跡に生えることがわかって「イバリシメジ」が生まれたのである（図25の3）。イバリは「威張り」ではなく、「尿（いばり）」である。ここからあと6章までに紹介することの多くも、同じ探究の中で見出されたものである。

イバリシメジは新種ではなく、すでにヨーロッパとアメリカで分類学的研究が行なわれていた。その研究者のひとりとして、デンマークにランゲ氏（M. Lange）というきのこ学の大先生がいる。小林義雄氏によれば、「国会副議長」も務めた「風采堂々とした偉丈夫」だそうだが、その人がヒトの放尿跡とは知らずにイバリシメジをつまみあげ、悦に入ったであろう姿を想像するのは私の特権的愉しみである。アメリカでは、腐り果てたきのこに生えたという記録があるが、きのこも尿素その他の窒素を含むので、ありうることだ。

動物性廃物に生える菌のうち、糞生菌（本章1節1項）と骨（軟骨）・毛・羽毛などに生える菌（5章2節1項）は古くから知られた。それらの基物は、大地に永く形をとどめるものである。それゆえにそこに生える菌が認識されやすかったのだろう。一方、もともと形をとどめない尿、急速に分解して姿を消しやすい雑食・肉食動物の糞、動物遺体の軟質部分（筋肉・内臓など）などの行方については、私の研究が行なわれるまでほとんど問題にされなかった。それは、いくつかの意味で〈その後〉の世界である。

まず、排泄してから後のことは知らんというのが大方の意識である（今の世で一番困ったことだ）。野糞（のぐそ）をすると、まだ終わらないうちにハエが飛んできて、卵を産みつけたとみるとそれはすでに幼虫（うじ）であって、すぐに動きまわるのを見て感心する。が、人々の関心もせいぜいそこまでだろう。一刻も早く立ち去りたい、忘れたい不浄の世界である。一方、死体は不気味なものだ。死んだものに興味はない。ましてそれらが腐り去った跡、形が無くなった後となると、人々にとって時間のうえでも意識のうえでも完全に〈その後〉である。

アンモニア菌のきのこが生えた時点では、そこで過去に何事があったのかわからないことが多い（図25の3、図28左）。アンモニア菌の増殖は、有機態窒素や尿素がたぶんアンモニアまで無機化してから、生物に再利用（同化、不動化immobilization）される過程に起こる事柄であろうが、場所的にも時間的にもこれまでほとんど気づかれなかったところである。わかってみれば当たりまえのことばかりであるが、実験的事実が出るまで本格的な光が当てられなかった、〈その後〉の世界なのである。[123・124]

d　おおいばりしめじ

「放尿跡」に関して私の研究に先行する唯一の例は、*Lyophyllum constrictum* といううきのこがウマの放尿跡に発生するというヨーロッパでの記載[112]であろう。この菌は、モリノニオイシメジ（表4）との異同がいまひとつはっきりせず、ひょっとすると同じ種類かもしれない。また私の研究とほぼ同時に、北欧でヘラジカ（*Alces alces*）の放尿跡とみられるところに子嚢菌チャワンタケ目のオクトスポラ・アグレガータ（*Octospora aggregata*）とナンフェルティエラ・アグレガータ（*Nannfeldtiella aggregata*）が生えることが知られた[76]。カナダでも同じことが見られる（ダニエルソン氏談）。オクトスポラ・アグレガータはチェコスロバキア（当時）ではウサギやシカの放尿跡にも生えるという（スヴルツェク氏〈W. Svrček〉談）。なおこの菌は私の酢酸アンモニウム施与区に発生したことがあり、一時は、「ほんとうにこの物質施与の効果だろうか」と疑ったこともあった。しかしやはり自然はでたらめではなく、ヨーロッパやカナダで起こることの実験的再現を京都でやっていたのにちがいない。

野生動物の放尿跡を特定するのはむずかしいけれど、野犬がくりかえし放尿したらしいところにオオキツネタケが発生したのを見たことがある。

イバリシメジには、ザラミノヒメシメジという別名がある。別名というよりこのほうに和名の先取権

図 28　オオキツネタケ 2 態[115]（図 38、図 45、図 62 参照）
左：人糞（野糞）分解跡における発生（矢印）（排泄の 7 か月後）
右：酢酸アンモニウム施与区（160gN/0.5 × 1 m）における発生（施与の 1 年 4 か月後）

があるのだろう。あとでわかったことであるが、われわれより数か月前に青木実氏が名づけていたものである。その青木氏もイバリには敬意を表されたらしく、アンモニア菌に属するチャワンタケの一種にイバリチャワンタケと名づけた（表4）。

日本菌学会の懇親会で今関六也氏（元会長）から、「相良君、オオイバリシメジは無いかねえ？」と声をかけられた。大威張りしめじ？　私は頭をかいて否定的な返事をした。だが待てよ。前記のモリノニオイシメジはイバリシメジと同属に分類されることもある。まさにオオイバリシメジというにふさわしいかもしれない。さらに、すこしゆるやかに範囲をとってみると、オオキツネタケがある（図28）。この研究の初期、山の路傍のかつての放尿跡にオオキツネタケが一個生えていた。尿の効果だろうか、とぼんやり考えながら尿素施与区に行くと、そこにはそれが多数生えていた。私は息をのんで座り込んだ。自然にウソはない！……〈研究者開眼〉

であった。

e　糞生菌とアンモニア菌

これら両者の関係は理解されにくいのでもうひと言述べたい。糞生菌との「対比」においてアンモニア菌をとらえたこともあったが[114]、それは妥当ではなかった[116]。糞生菌や焼け跡菌は、糞という〈もの〉や焼け跡という〈場所〉、すなわち肉眼的にとらえられる生活の場（habitat）の特殊性によって認識された菌群である。一方アンモニア菌は、人為的に、すなわち、私のいう意味で「化学生態学的」に切りとられ、把握された理念的な群である。したがって、糞生菌、焼け跡菌その他の生活場所群（habitat group）と種類相の重複があってもおかしくないし、重複はたいせつな意味をもつことがある。

たとえば、糞生菌として知られるウシグソヒトヨタケが、尿素やアンモニア水を施与した土壌に生えたことから、この菌が糞に生える鍵はアンモニアらしいことがわかる。またスイスにおいて、鳥の一種アトリ（*Fringilla montifringilla*）の糞の周辺で数種のアンモニア菌が記録されているが[17]、それは糞中の尿酸その他の分解によって生じたアンモニアのせいだろうと推測することができる。

アンモニア菌を自然界における生活場所にもとづいてとらえなおすなら、その多くは、「尿・糞分解跡菌」（本章）、「動物死体分解跡菌」（5章1節）、「巣分解跡菌」（6章1節1項）、などとなろう。

アンモニア菌の中には、その胞子の表面に突起や隆起をもつ種類が多い（図52参照）。それぞれの属の中で、胞子表面が粗なものがアンモニア菌として登場する傾向がみられる。この〈粗面胞子〉へのかたよりは、動物に付着しやすいというような適応進化的な意味でもあるのだろうか。

(2) キャンプ地の野外便所跡ときのこ[128]

a 路傍のきのこは何を語るか

「こっちの山にナガエノスギタケダマシが出ています」

ある晩秋の夜、長岡京市の高山栄氏からこのような連絡があった。このきのこはアンモニア菌の一種である（表4）。それが尿素やアンモニア水を実験的に施与したところ以外で発生したら、何か代わりの理由がなければならない。また、柄が長く地中に伸びることは以前から知られていたが、そのさきに何があるか、言い換えると、何から（何を養分にして、何が原因で）発生するのかということは、まじめに研究されたことがなかったのである。私たちはそれまでに、このきのこからネコの死骸（墓）を掘り当てたことが一度あった。[69] 今度は何が出るだろうか。さっそく次の休日、現場に案内していただいた。

コナラを主とする雑木林内の細い山道の横にたった一個、そのきのこは生えていた。そしてそこには、いったん穴が掘られ再び埋め戻されたらしい形跡があった。

「死体が出るか？　それにしてはこんなに道路から離れたところまで運ぶのはおかしい」

と考えながら掘ると、土壌断面に乱れがあって、やはりいったん掘って埋められたことがわかった。二五センチメートルくらい掘ると、厚さ約三センチメートルに圧縮された落葉の層が出てきた。それは、穴の底ほぼ三〇×六〇センチメートルに敷きつめられたかっこうになっていた。その落葉はまだ原形をとどめており、その落葉層の中には菌糸の増殖はほとんど認められなかった。きのこはその長方形の穴

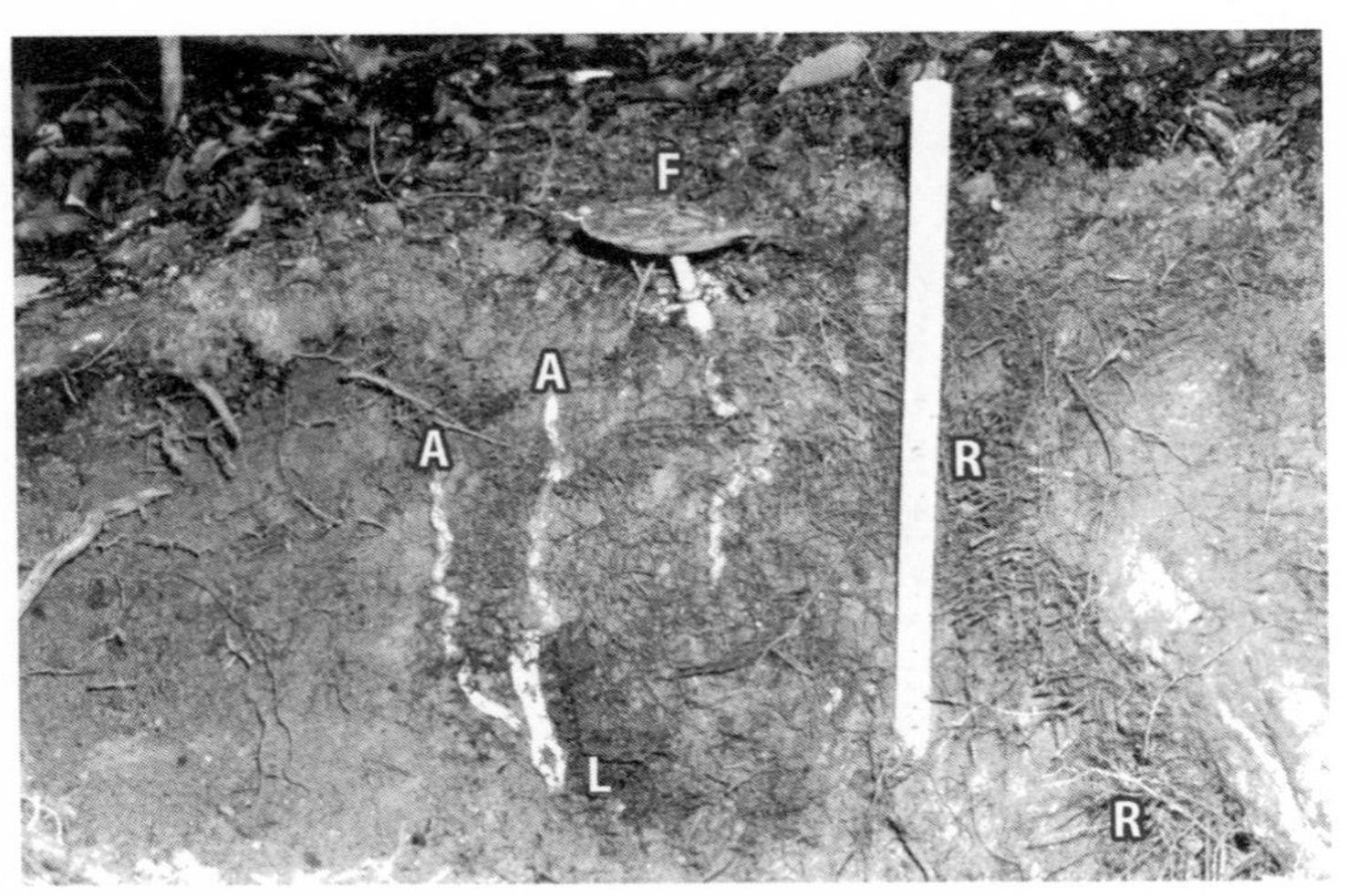

図29　野外便所跡に生えたナガエノスギタケダマシ[128]（図49参照）
F：子実体、A：未（不）完成子実体、L：穴の底に堆積した落葉、R：繁茂した樹木細根。ものさしは36.8cm

の端に現われており、きのこの柄の下端は落葉の層の下、すなわち穴の底から発していた（図29）。

b　穴の正体　この穴はなんのために掘られたものか。

穴の底の落葉の層には異物は認められなかった。当然のことながら〈という意味は、この菌が発生するころには糞尿や死体は分解し去っている〉、異臭もないし落とし紙の痕跡もない。しかし、無目的に穴を掘って、ていねいにも落葉を埋めこむ人などいないだろう。また、私が行なったような尿素などの施与実験をこんなところでこんな形で試みる奇特な人はいないはずである。だからやはりこれは便所に違いない。そう思ってみるとその構造と後始末の仕方には、一種の〈様式〉と教育的な配慮とが感じられる……。

そこまで考えてハッと思い出したのがボーイスカウトである。そうだ、こんなやり方をするのはボーイスカウトか同系の団体以外にあるまい！　じつは、その場所のすぐ下の谷沿いの地がボーイスカウトの野営地にしばしば利用されていたのである。その野営地から逆に見ると、この場所はほどよく隠れる位置にあった。

そこで、帰宅後、近所に住むボーイスカウトの少年に、キャンプに行ったとき、どのような便所をつくるか問うてみた。すぐに話は通じた。やはり私たちが見たような型の便所をつくるそうである。排泄をすませた人がそのつど落葉をかぶせていくのが原則であるが、キャンプ地を立ち去るときにまとめて落葉をかぶせ土を埋め戻すこともあるという。落葉の層の中には菌糸の増殖が認められなかったことからみて、今回の便所は後者の型のようであった。

さて、いつこの便所がつくられ使用されたのか。底の落葉の分解があまり進んでいなかったこと、増殖した細根がわりあい新しく、枯死したものが少なかったこと、きのこが現に発生していたこと、などから、それは過去一年以内で半年以上前と推定された。とくに、新鮮な落葉が豊富に埋められていることからみて、ほぼ一年前の冬のあいだであろうと考えられた。

(3)　タヌキの糞場ときのこ

a　出会いとヤケクソと……溜め糞とつきあって六年

「イノシシか何かの糞のまわりに、ヘベロ

ーマ（*Hebeloma*）が出ていますが……」

一九七九年一〇月、マツタケ研究で知られる京都府林業試験場の伊藤武氏がこのように知らせてくれた。船井郡瑞穂町（現・京丹波町）の山に案内されてみると、たしかに糞をとり巻くように、アンモニア菌のアシナガヌメリが生えていた（図30左）。しかし、その糞は、それまでに経験していたイノシシの糞とは様子がちがう。どこかで聞いた「ためぐそ」という言葉が思い出された。糞を持ち帰り、朝日稔氏（兵庫医科大学）に鑑（み）ていただいて、ホンドタヌキ（*Nyctereutes procyonoides viverrinus*）のものとわかった。

糞はわりあい新しいものもあったが古いものもあった。そして、糞自体はすでに完全に姿を消したと思われるところも含めて、ほぼ長方形の四〇〜六〇×一〇〇センチメートルくらいの範囲が排泄の影響を受けているようであった。最近に排泄された糞にはカキの種子が含まれていたが、すでに実生となって生育しているものもあったから、少なくとも前年の秋以前からその場で排泄が行なわれていたことになる。その後の経験も加味して考えると、少なくとも二年は経過していたようである。比較的新鮮な糞にはケカビの一種とスイライカビの一種が生えていた。アシナガヌメリは、糞または同時に排泄されるであろう尿が分解して生じたアンモニアが原因で発生したものと考えられた。その糞場が二年経過したものとすれば、前年秋にもアシナガヌメリは発生したはずである。

ほかの調査目的もあって同町に通ううち、同年一二月には別の山でも糞場を見つけた。比較的新しい糞がすこしあったこと、すでにきのこの季節は終わっていてきのこはみられず、落葉も終わっていてカ

図30　タヌキの糞場におけるアシナガヌメリ（図49参照）
左：古い糞場。カキの幼木が生えている
右：新しい糞場。枯れたきのこに標識を添えた。ものさしは50cm（未発表）

キの実生に気づかなかったことなどから、新しい糞場かと思った。しかし、翌一九八〇年六月、葉をつけたカキ実生や地面を覆うコケなどを見て、第一例よりもっと古くからある糞場だと判断された。同年の一〇月、オオキツネタケ一四個と小さなアシナガヌメリ一個が発生した。ほぼ七〇×一五〇センチメートルの範囲が、排泄の影響を受けているようであった。

軽い気持ちで見はじめたことだったが、何事も奥行があって簡単には片付かないものだ。この場合、この二例の糞場の使用が終わった段階で、観察したことを報告しようと思っていたが、なかなか使用が終わらないのである。かなりのあいだ新しい糞がないので、もう終わったかと思っているると、またある。半ばヤケクソ的につきあっているうち、同町でさらに一九八三年に一か所、一九八四年にも一か所、糞場が見つかった。いずれも伊藤氏が知らせてくれたものである。とくに最後の例は、その年のはじめころから糞場としての使用がはじまったもので、第一回の秋期きのこシーズンを観察できたのは貴重だった（図30右）。一九八六年に外国出張したのを機に観察を中断したが、タヌキはまだときどきそこにやってきて糞を残していることだろう。

b　観察のまとめ

糞場はいずれも尾根筋かそれに近いところにあった。アカマツと雑木の混じった若い林であるが、うち一例（第二例）は、マツタケ研究のために雑木が大部分刈られていた。糞そのものの上にはあまり菌は現われなかった。さきに述べたように、ケカビとスイライカビを見たことがあるという程度である。これらはアンモニア菌に属するものかどうか明らかでない。最初の秋期きのこシーズンに現われるのは一般にアシナガヌメリのようである（図30）。そこにナガエノスギタケダマシがすこし混じることもあるようだ。場所によってはオオキツネタケが主流になることもあるらしい。

ここまでのところで注目されるのは、尿素を播いたときのようなアンモニア菌の遷移がみられないことだ。遷移前期をとばして、遷移後期に発生すべきものがしかるべきときに現われる。これらの種類の菌は、林地の実験区に尿素を一か月おきにくりかえし施与した場合にも発生する[115]が、そのことと、排泄が断続的に行なわれたタヌキの糞場に発生したこととは付合しているのかもしれない。これらの菌はまた、その場所に増殖した樹木細根と共生的な関係ももつはずである（本節4項のf参照）。

これら三菌は、排泄の継続や糞場の面積的拡大・変形に応じてだらだらと尾を引くように発生をつづける。オオキツネタケは糞場の外にも逸出することがある。次いでキチチタケ（*Lactarius chrysorrheus*）、ハツタケ（*Lactarius hatsudake*）、ヌメリイグチ（*Suillus luteus*）、アミタケ（*Suillus bovinus*）、キツネタケの一種（*Laccaria* sp.）などが混じるようになる。これらの菌はれっきとした菌根菌と言われるものであるが、間接的にせよ排泄物の影響で増殖することもあるようだ。すなわち、糞場という局所で土や根の若返りが起こって、新たに菌根が形成されるのかもしれない。林内の局所で行なわれた焚き火の跡でもこれらの菌は同じように発生する(未発表)。

なお、島根県と愛知県で一例ずつ遭遇したタヌキの糞場にもアシナガヌメリが生えていた。

植物についてみると、二年目以降、カキの実生とトボシガラの生育が特徴的であった。トボシガラが生える理由はわからない。調べたうち一か所(第二例)では、排泄が中断しているとき、カモジゴケとハイゴケが混生して厚く覆っていた。ハイゴケは排泄の影響によるようである。このコケは林内の焚き火跡にも好んで生える。

c ためぐそシンポジウム

日本哺乳動物学会(現・日本哺乳類学会)の一九八二年度大会は、たまたま『タヌキの溜め糞シンポジウム』といった趣きになった。「ホンドタヌキの糞場の消長について」「ホンドタヌキのタメフン習性の機能について」「ホンドタヌキの匂いづけ行動」という三題の講演につづいて私と朝日稔氏連名の「タヌキの糞場に生えるきのこ」が発表された。タヌキの行動圏や社会構造を知る手がかりとして糞場はくわしく調べられていたが、そこに特有のきのこが生えることは気づかれていなかった。糞の姿が消えて糞場であったかどうかの判断に迷うとき、きのこは手がかりになるかもしれない。

この大会でタヌキ学者から聞いた話の中で有益だったのは、糞場で排尿もするということだった。すなわち、匂いづけに使われる尿は微量(一ミリリットルくらい)であって、ふつうには糞場で二〇~三〇秒も腰をかがめて排尿するという。だからアシナガヌメリなどの発生原因は尿である可能性も高いわけだ。さらに、いったん糞場として使用された場所は、一時使用が中断しても再使用されることが多いとのことで、私の経験にも合致していた。

(4) モグラの排泄所ときのこ

この項は目下進行中（注：一九八〇年代後半）のことなので、ややくわしくなることをお許し願いたい。

a 長い柄の秘密——きのこは「なれの果て」なり

「もぐらのせっちんたけ」ことナガエノスギタケはモグラの排泄所の跡に生える（口絵1・4、図31）。アシナガヌメリもモグラの排泄所跡にまれに生えるが、モグラの排泄所跡専属というわけではない。今でこそナガエノスギタケダマシ（表4）はナガエノスギタケと別種であることがよくわかっている（少なくとも私には。本項のc）が、この話がはじまったころ両者は区別されていなかった。逆に、区別されていなかったからこそこの話ははじまった、とも言える。

一九七六年秋、京都の大文字山（「送り火」で名高い）で行なわれた関西菌類談話会の採集会で、アシナガヌメリとナガエノスギタケが採取された。おおぜいの眼が光る採集会でも、めったに得られないきのこである。採集者が場所を覚えていてくれたのは幸いだった。アシナガヌメリはもちろんアンモニ

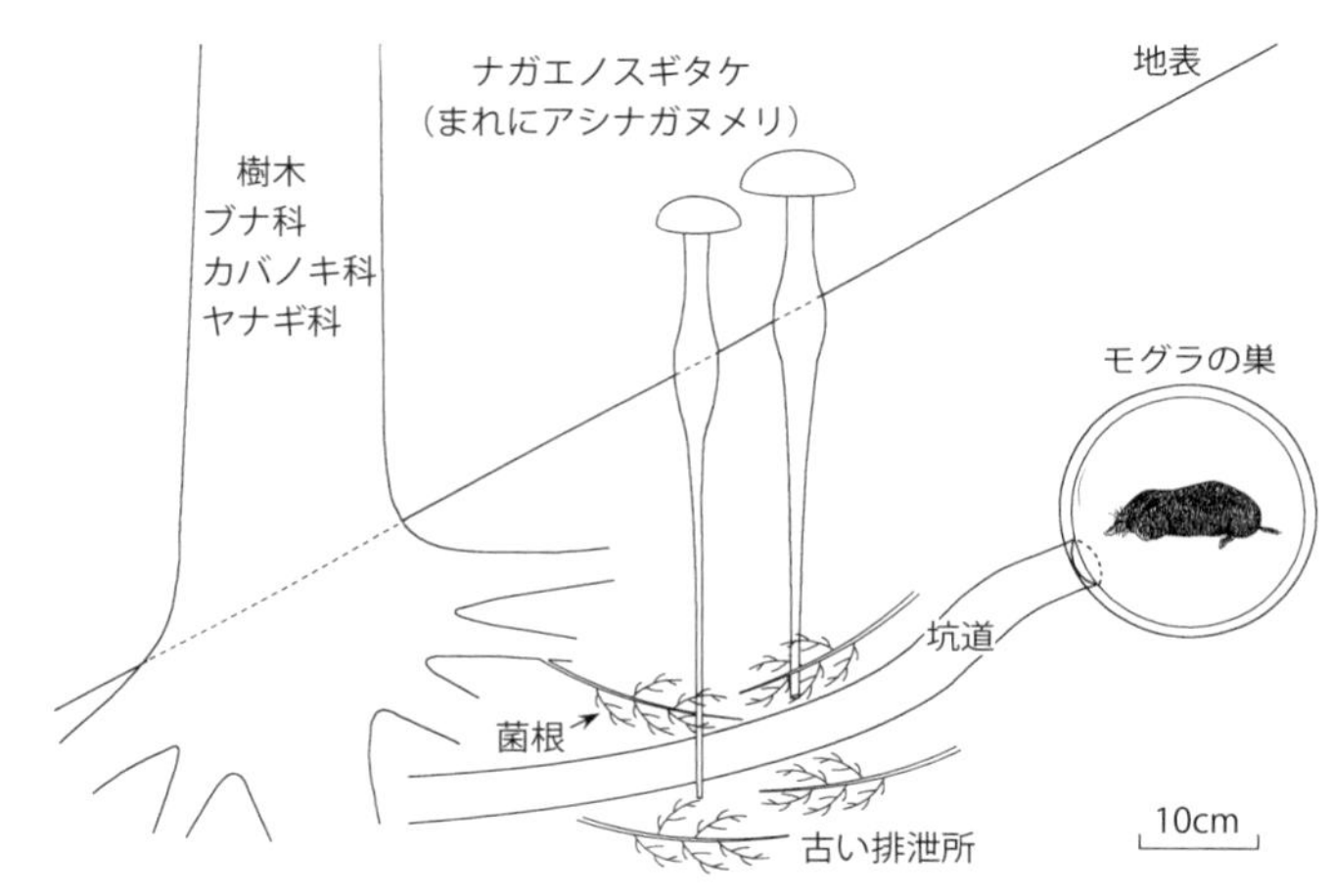

図31　モグラの営巣ときのことの関係（模式図）
営巣にともなって一定の場所（本書では「排泄所」という）で排泄が行なわれるが、満杯になれば（？）場所はすこし変えられる。その古い場所（部分）できのこ菌糸と樹木細根の増殖・菌根化が起こる。結果として、きのこが地上に現われる[200]

ア菌だが、ナガエノスギタケもアンモニア菌のそれ（ナガエノスギタケダマシ）だと思い込んでいたので、採取場所に案内してもらい、きのこの発生原因すなわちアンモニア源を求めて発掘した。その結果、動物の巣に行きあたった（図32の1〜3）。

ことの次第はすぐにわかった。すなわち、その巣に住んだ動物の排泄物が原因で、その分解跡にきのこは生えたと理解できた。また、両きのこの柄が地中に長く伸びる性質をもつことの適応進化的な意味もわかった。すなわちその性質は、地中深くにある菌糸増殖部（排泄所跡）から地表へ胞子形成部位を押し出すためにそなわったものとみられる[118]。地表でみるきのこ（子実体）はいわば「なれの果て」の姿だったのである。（補記3）

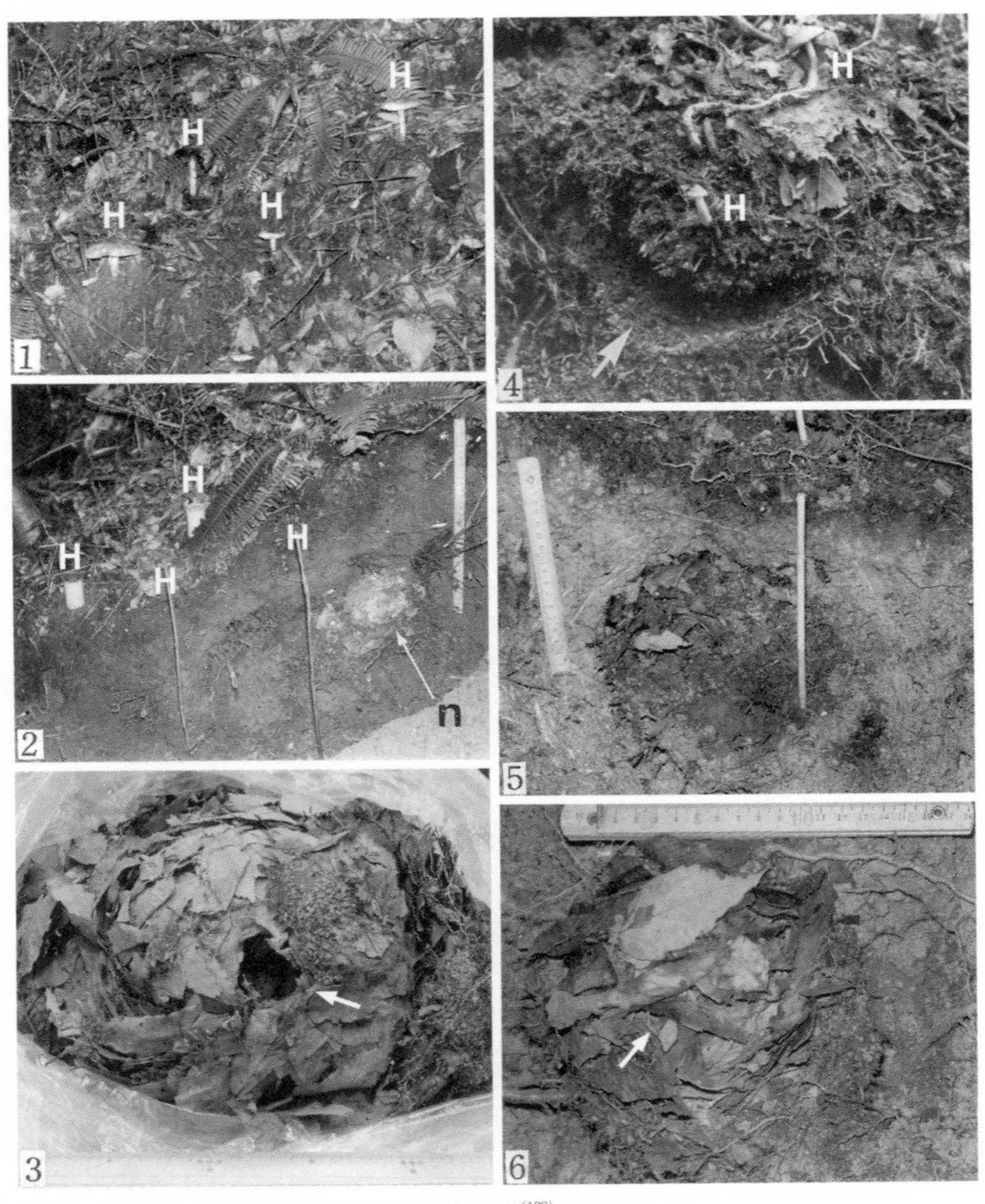

図32　きのこによって見出されたモグラ類の巣[122]

1～3：ナガエノスギタケの下のアズマモグラの巣

4～6：アシナガヌメリとナガエノスギタケの下のヒミズの排泄所と巣

1：ナガエノスギタケの発生（H)。2：同きのこ（H、フィルム・ケースと棒くいで標識）の下に存在する巣（n)。ものさしは31cm。3：巣（矢印は出入口)。4：ヒミズの排泄所（矢印）とそこから発生したアシナガヌメリ（H)。5：4のトンネルの延長上に存在した巣。竹ばしの標識はナガエノスギタケが生えていた位置。6：巣（矢印は出入口）

攪乱生態学（本節1項のａ）から出発して動物の巣に到達したのはたいへんうれしかったが、その後の生活のほとんどをこの件に支配されることになろうとは思いもしなかった。

ｂ　巣の同定……毛をながめて一〇年

大文字山で発掘した巣が何の巣であるか、意外にもなかなかわからなかった。もちろん私は動物のことは何も知らなかったから、その判断は動物学者にたよった。リス説が出て、次いでネズミ説が出た。日ごろ微小なものをあつかっている私からみると、ひと抱えほどもある巣の同定ができないのは不思議だった。わかったことは、やはり動物学も土の中のことは苦手であること、動物はほんらい巣を中心に生活しているはずなのに、巣を中心とした生物学があまり行なわれていないことなどであった。結局、あとで考えるといいかげんな納得をして、ネズミ（*Apodemus*）説で発表してしまった[118]。

発掘例を重ねるうち、ネズミのものとは見えない糞堆に出会った。ネズミの巣跡をほかの動物が使ったのかもしれないなどと考えてみた。そのころ、動物の糞をよく観ている西方幸子氏を紹介されたので、その糞を送って判断を求めた。ところが、「糞も巣もモグラのものではないか」と示唆された。それは青天の霹靂（へきれき）だった。もちろん初期には私もモグラをうたがった――私たち素人が、地中に坑道を掘って暮らす動物としてまず思い浮かべるのはモグラだから。しかし、動物学者に巣の同定を求めていく中で、モグラの線は一度も出ず、いつしか消えていたのである。（動物学者の間に、山にモグラが居るという常識も存在しなかった。）

そこで試料の見直しをはじめた。いちばんの手がかりとなったのは、巣や排泄所などに脱け落ちている体毛である。今度こそ他人様の判断を無責任に採用するのではなく、自分自身でも実証的に納得して責任をもたなければならない。とはいえ、動物学に素人で動物の標本も無かったから、多くの方々にご迷惑をかけることになった。同僚の小林恒明氏をはじめ、とくにモグラ学で私の先生となった阿部永氏（北海道大学農学部）にはたいへんお世話になった。そして、阿部氏と私の判断は一致して「モグラ（*Mogera*）」となった。そこで、

「ネズミではなくモグラだ」

という短文を書いて、先の誤りを訂正した。[119] なお、これに関連して、「動物の名は転々としたのち、ヤマネにおちついたという」と紹介されたことがあるが、[102] 私のところからヤマネ説が出たことはない。

この失敗とその訂正のための努力は、しかしすぐに報われた。一九八〇年には、ナガエノスギタケとアシナガヌメリからヒミズ（*Urotrichus talpoides*）の巣を三例掘り当てたが（図32の4〜6）、このときの巣の同定は自力でできたのである。[122・129]

その後の発掘例を加えると、これまで（注：一九八八年）に両菌からモグラの巣一八例とヒミズの巣五例を得ている。ここでとくに書いておきたいのは、上記のきのこを見つけようとしてもなかなか見つからないことである。これまでの発見は、ほとんど他人様による。近年自分で見つけようと努力してみたが、よい場所を得たうえで一年にせいぜい一例くらいしか見つからない。

モグラの巣をネズミの巣として発表してしまった初めの失敗は、基本的には、私が専門家の〈権威〉にたより、その判断を検証しなかったことによる。また、菌学的には「地下棲小型哺乳類」という判断

にとどめてもよかったのに、欲張って種類まで明らかにしようとしたことにもよる。しかし、この欲は、本来は善と言ってよいものであろう。菌学から、誰にも通じる生物学へ昇華させるためには種類まで明らかにする必要があるからだ。

このように考えて、発掘のたびに、その巣の主を同定しようと努力してきた（きのこから巣を掘ったとき、その巣はカラなのだ）。ネズミとモグラの判別は容易でも、それぞれの中でどの種類に当たるかの判断はむずかしい。私がかかわる地域にモグラ（族、Talpini）は三種類いる。コウベモグラ・アズマモグラ・ミズラモグラである。毛による同定は困難ではあるが、しかし、本体を捕らえなければ種類がわからないというのでは困るし、なんらかの痕跡で同定できないようではプロとは言えないのではないかとも考えた。まだきちんと整理できていないけれども、毛の形態的特徴と坑道の大きさを組み合わせることなどにより、モグラ三種の巣の同定が可能になりつつあるように思う。一〇年が過ぎた（顕微鏡で見る毛はとても美しい！）。（補記4）

c　きのこ二種の混同

モグラとネズミをとり違えるという大失敗につづいて、きのこのほうにも、二種が混同されているのではないかという疑念が生じた。モグラの排泄所から生える「ナガエノスギタケ」は尿素施与区（尿素区）では見たこともない巨大なものにしばしばなること（口絵1）、培養所見が異なることなどがその理由である。一九八二年秋、尿素区型のナガエノスギタケ（図29、図42の3、図43）とモグラの排泄所型のナガエノスギタケをほぼ同時に見る機会をもった村上康明氏に、「種類がちがうのではないかと思うけど……」

と言ってみたところ、即座に、

「そうですね」

と同感の意が返った。

それに勢いを得て、両菌のちがいを実証することに取りかかった。モグラの排泄所からナガエノスギタケが生えたところのすぐ近くの地表や地中深所に尿素を施与して同じきのこが生えるかどうか実験してみたが、生えたのはやはり尿素区型であった。また、子実体の微小形態にも必ずちがいがあるはずだと考えて、顕微鏡観察に力を入れたところ、胞子の形態にちがいが見つかった。一九八五年、最初の出会いから八年あまり経って、両者は「ちがう」と発表した（口頭）。尿素区型ナガエノスギタケはじつは名無しとなった（この本をつくるにあたって、「ナガエノスギタケダマシ」と仮称をつくった）。わかってみると、こんなにもちがうものをなぜ混同していたのかと思うけれども、分類学的認識の進歩とはそんなものだろう（カバー表1写真参照）。（補記5）

モグラの排泄所型ナガエノスギタケ、すなわちほんとうのナガエノスギタケ（*Hebeloma radicosum*）は、モグラの排泄所跡からしか発生しない。尿素を播いても生えないから、アンモニア菌に含めることはできない[195・198・210]。モグラの排泄に同調させて、毎日少量ずつ地中深所に尿素を注入したらどうなるか実験してみる必要はある。一方、尿素区型ナガエノスギタケすなわちナガエノスギタケダマシはモグラの排泄所跡には生えないようだ。一度だけ坑道から生えたのを見たが、そこには、本格的な排泄所というほどのものは認められなかった。モグラとは異なる原因があったのかもしれない。（補記6）

d　モグラの営巣習性を探る

私がモグラにかかわったとき、ニホンモグラ属（*Mogera*）の巣についての記録はまだ数例しかなく、ミズラモグラ（*Oreoscaptor mizura*）やヒミズの巣については皆無だった。モグラ類の巣は、どこにあるかふつうにはわからないのだ。よく目にするモグラ塚の下に巣があるわけではない。いったん捕らえたモグラに放射性物質か発信器を取りつけて追跡する以外に、合理的に巣を見つける方法はない。放射性物質は取りあつかいがやっかいだし、発信器はごく最近開発されたもので、日本ではまだ使用例がない（注：一九八〇年代）。ところがわれわれはナガエノスギタケからモグラ類の巣に到達することができる。これをてこに、本来の動物学者・モグラ学者の手の届かぬ領域に接近できるのではなかろうかと考えた。そのような例として、巣の長期使用――営巣場所への固執――を実証できたので紹介しよう。

第一例。一九七六年一〇月、京都の大文字山で、ナガエノスギタケの下からアズマモグラの巣を掘り取った（本項のa）。土を埋め戻して五年後の一九八一年一〇月、ほとんど同じ場所にナガエノスギタケがまた現われた。モグラの仔を得ることをねらって翌一九八二年六月に発掘した。仔は得られなかったが、再び巣は得られた。

第二例。一九七七年九月、京都府南丹市美山町芦生（あしう）の京都大学演習林（現・研究林）で岡部宏秋氏によってナガエノスギタケが見つけられ、以後毎年秋、同地点で同菌の発生が記録された。一九八一年一〇月、岡部氏に案内され、発掘して得られた巣はモグラ型であった。この時点でその巣はすでに四年以上にわたって使用されていたことになり、知られるモグラの寿命（最高四年）から考えると、その間に代替わりが行なわれた可能性もある。

いま「モグラ型」と書いたが、その巣の同定を試みるうち、当時京都からまだ産出記録のなかったミズラモグラの可能性が出てきた。そのモグラの種類を確認する目的と、巣の再構築と長期使用を確かめる目的で、一九八二年一〇月に再発掘したところ、前とほとんど同じ位置に巣が再構築されていた。これを採取し、以後、第三回一九八三年八月二四日、第四回一九八四年六月一日、第五回同年七月三〇日、第六回同年八月二九日、第七回一九八五年一〇月一八日、第八回同年一一月一五日の計八回発掘し、巣を採り、きれいに埋め戻した。うち第六回（第五回の一か月後）のときのみ巣を見出せなかった。しかし、ほぼ一年後の第七回一九八五年一〇月にナガエノスギタケが再び発生した（巣も得られた）から、第六回の直後くらいには巣が再構築され、モグラは住みつづけたと考えられる。なぜなら、ナガエノスギタケが生えるには、モグラが住みはじめてから少なくとも半年はかかると考えられるからである。さらに、第八回発掘（最終回、このときは巣を採らずにそのままにしておいた）から二年後の一九八七年一〇月、三年後の一九八八年一〇月にもナガエノスギタケが発生した（一九八六年は外国出張のため調査せず）。まだモグラはいるらしい。

さて、ここにいつからモグラが住むようになったかわからないが、かりに一九七七年からとしてもすでに一〇年以上経った。こんな記録は世界にない。つけ加えるなら、ここでこのきのこを見つけた岡部氏にとって、それは当初は「見事なきのこ」にすぎなかった。しかし同氏による四年間の観察とこの研究が結びついたとき、意外な発展をみたと言えよう。（補記7）

ここのモグラは捕獲していないが、同じ芦生の他所でミズラモグラを捕獲できた（本項のe）ことから、ここのモグラもねらいどおりミズラモグラであると断定できた。その捕獲・確認にも、モグラのもつ営巣場所への執着性とナガエノスギタケの正直さが利用された。

第三例。本項のeに記述。

阿部永氏はモグラについてのご自身の経験や動物一般にみられる傾向から、

「条件のいいところでは、ひとつの巣が長期にわたって使われるかもしれません、代が替わっても……」

と言っておられたが、そのことがきのこから実証されたと言えよう。

e　京都府芦生におけるミズラモグラの発見　一九八二年秋、再び京大芦生演習林で、井坪豊明氏によってナガエノスギタケが採集された。翌年一九八三年五月二六日第一回発掘、巣を採取して埋め戻した。翌六月一九日、第二回発掘、同じ位置から再び巣を採取して埋め戻した。この間二三日。さらに翌七月二七日第三回の発掘、このときは巣を見出せなかった。しかし、前記の経験から、モグラが遠くへ去ったとは思えなかった。土の中では位置が四〇〜五〇センチメートルずれただけで、目的物の発見はむずかしい。気持ちのあせりと発掘量は膨大なものとなる。そこで、無理をしないできのこが再び生えるのを待つことにした。待つことによって得られる情報もまたあるだろう。

初めのナガエノスギタケ採集から五年後の一九八七年一〇月、初めの発生地点から地表面で一メートル離れたところにナガエノスギタケが再び発生した（図33左）。ここのモグラも、初めの発掘試料から

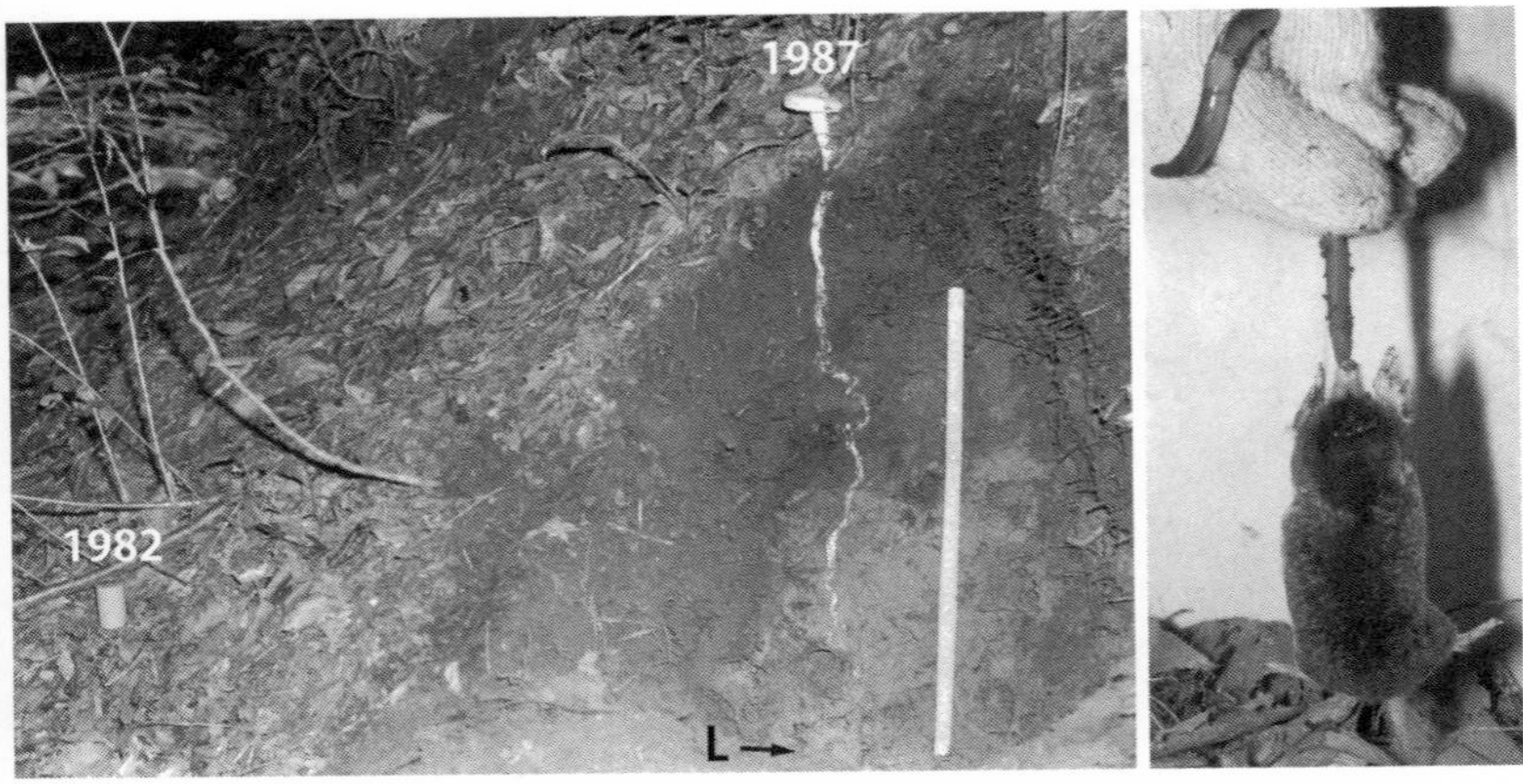

図33　ナガエノスギタケの断続発生（左）とここで捕獲されたミズラモグラ（右）[211]
左：1987年10月9日発掘・撮影。1982年は標識（フィルムケース）の位置にナガエノスギタケが発生し、その下に巣があった。1987年はものさし（51.5 cm）の手前に巣があり、ものさしの手前右側の壁でミズラモグラを捕らえた。Lは排泄所跡
右：捕らえて飼育中のミズラモグラ。ミミズに食いついて離れないので釣れる

ミズラモグラだと推定していた。研究全体の流れから、ミズラモグラ本体を得て芦生にそれが生息していることを確認することがいまや最大の課題になっていたので、ここで捕獲を試みることにした。

これまでの経験では、発掘作業を中断して静かにしていると、逃げていたモグラが戻ってくることが多い。そこをねらうことにした。掘削面に巣が現われ、いよいよモグラと対峙することになったとき、見学兼手伝いの学生三人には現場を離れてもらった。静かにする必要があるのと、精神集中のためである。瞬間が勝負なので、殺気立つ。ツルハシのひと振りで捕らえられなかったらもうほとんどおしまいなのだ。

やがてモグラが戻ってきたが、その「ゴリゴリ」と土を掻く音は壁の奥深く、手を

出せない。接近戦に持ち込むため巣を取り去ってまもなく、モグラが再び掘り戻った。木の根が動いてだいたいの所在がわかった。モグラがさらに掘り進んで、掘削面の外気に鼻面がふれたらしく「フガフガ」と大きく空気を嗅ぐ音がした。その瞬間に、小型ツルハシで土ごと掘り取った。手に包んだモグラは黒く小さく、まさしくミズラモグラであった（図33右）。芦生にミズラモグラの存在を嗅いでから六年、半ばおおやけにその存在を予言（?）してから三年半経っていた。

この確認によって、この地域にミズラモグラ、アズマモグラ、コウベモグラの三種がいることが明らかになった。

ここで、モグラ学において多少とも新知見となるべきことを列挙しよう。これらは、多数の方々の協力によるものであるが、ここではそのお名前を省略させていただく。

①モグラの林内営巣の記録[118・119]。②ヒミズの巣の初記録[129]。③モグラとヒミズにおける排泄所配置のちがい[129]。④同一地点での長期営巣（定住）の実証[201・205]。⑤コウベモグラにおける秋期育仔例の発見（口絵1）[204]。⑥京都府芦生におけるミズラモグラの存在確認[211]。⑦ミズラモグラの巣の初記録[211]。⑧モグラ類二または三種の混棲の確認[201・211]。⑨体毛によるモグラ類の鑑別と巣の同定[194・200]。（補記8）

f　動物・菌・植物の三者関係　モグラと菌についてのみ述べてきたが、ここにはじつは樹木も関係している。

ナガエノスギタケやアシナガヌメリの発生源たるモグラ類の排泄所跡は、菌糸と樹木細根が繋り合って、大きな土の塊になっている（図34左）。それはちょうどマツタケのシロ（活性菌根層）のようである。

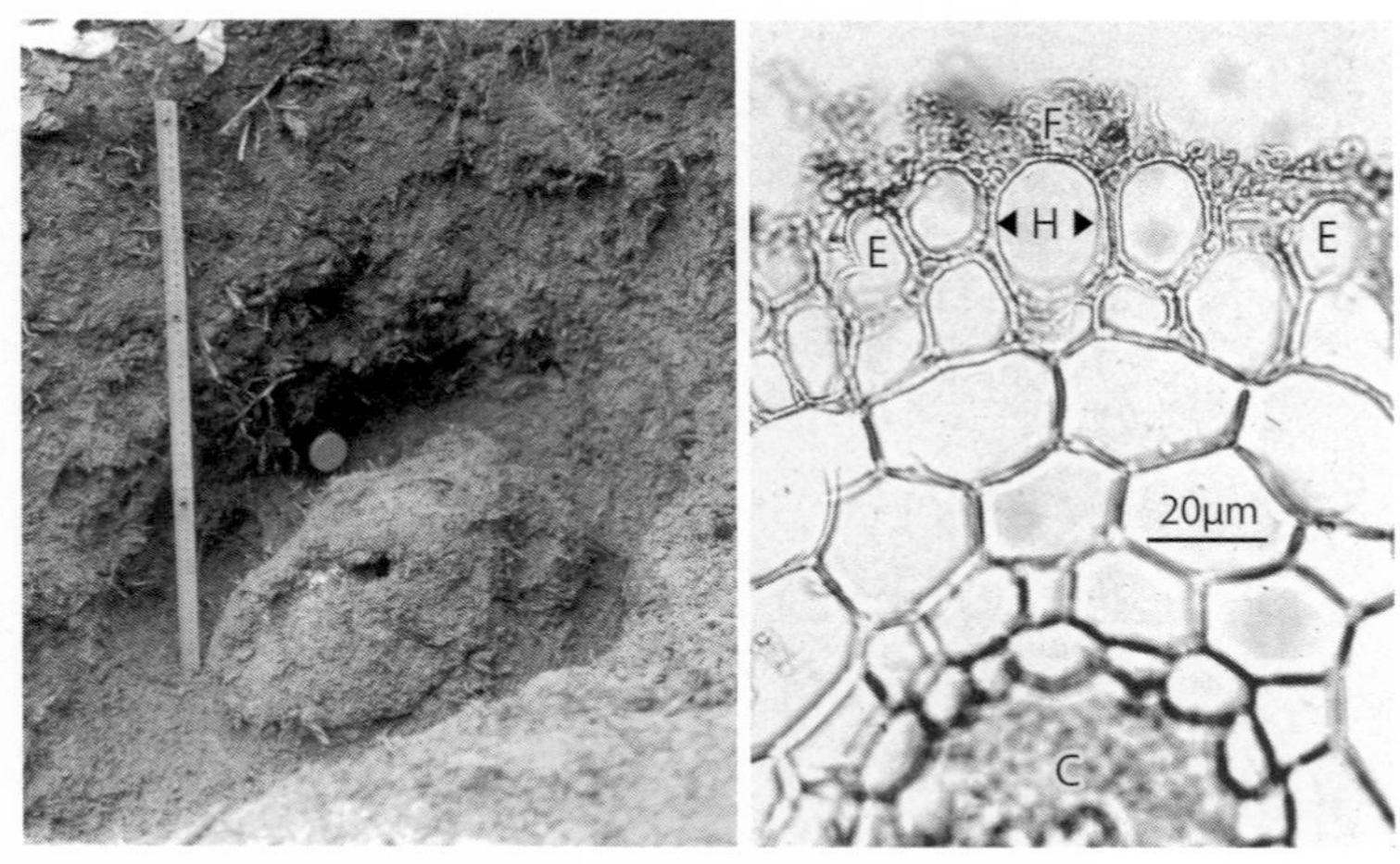

図34　モグラ類の排泄所とそこにみられる菌と樹木細根との関係
左：排泄所跡は菌根と土の塊になっている[129]
右：排泄所跡では菌と根が「外生菌根」の関係を生ずる。Cは根の中心柱、Eは根の表皮細胞、Hはハルティヒ・ネット、Fは菌鞘[197]

排泄物から植物（樹木）の養分となるものも出てくるから、菌糸だけでなく根も伸びる。両者はそこで菌根共生を行なう。顕微鏡で見ると、根の表面は薄く菌糸に覆われていて根毛はなく、表皮外面のタンニン化（菌に対する抵抗反応）が起こっていて、皮層の外層細胞にハルティヒ・ネットが認められる（図34右）。マツ科に見られるような形態変化と明瞭な菌鞘をもつ典型的な外生菌根（7章1節1項）ではないが、それに近い関係が生じている[197]。

一方、モグラはいたるところにいて、いろいろの場所に巣をつくっているはずなのに、ナガエノスギタケやアシナガヌメリが発生するのは、私が経験したかぎり、ブナ科、カバノキ科、ヤナギ科の樹木が存在する林のみである（マツ科が混じることはある）[197・201]。これらの樹種はいずれも外生菌根を形成するとして知られているもので、つまり、外生菌根を形成する樹種が存在する林でしか、このモグラと菌との関係は見つかっていない。さらに、試験管内でナガエノスギタケやアシナガヌメリはカバノキと菌根を形成する。[41] イギリス、シェフィールド大学のリード氏（D.J. Read）は、私が持参したこれらの菌の培養株とカバノキとで、同大学滞在中に試験管内で菌根を合成してみせてくれた。

モグラ類の排泄所跡においてこれらの菌は菌根を形成しながら増殖し、きのこの形成にいたるとするほうが理解しやすい面もある。すなわち、有機物の少ない地中深所で、窒素源はモグラの排泄物からまかなわれるとしても、それに見合うだけの炭素源はどこから来るのかという問題があった。それは根から来る、となれば問題は解決しよう。なおこの点とのからみで、「……動物の小便がかかった落葉やわらに菌糸がひろがって、きのこが出るのがわかった。……」という紹介がある。[102] たしかに、巣材に使われる落葉がモグラの排泄所に混入していることはあるが、それが菌糸増殖の本来の基盤ではない。

以上から、これらのきのこの発生という形で見られることは、動物と菌と植物のそれぞれから一定の種類が出会ったところに起こる事象であると言える。（補記9）

ところでこのモグラ・ナガエノスギタケ・外生菌根性樹木からなる三者関係を、地球全体にわたって検証していくとどういうことになるのだろうか。たとえば、モグラ類がいて菌根性樹種も存在する北米から、なぜナガエノスギタケの確実な記録がないのか。南半球のオーストラリアやニュージーランドには、*Cortinarius australiensis*（フウセンタケ属）という学名を与えられているきのこがあるが、それはわれわれの眼にはナガエノスギタケ（ワカフサタケ属）か、またはその近縁種にみえる（本郷次雄氏談）。もしわれわれの眼が正しいとすると、そこの動物は？ ……進化の観点からもまだまだ問題はひろがり、深まりそうである。（補記10）

g イギリスの例[125]

ナガエノスギタケやアシナガヌメリはヨーロッパにも産するし、むしろ研究の歴史は向こうのほうがはるかに古い。ヨーロッパでは「木の根から生える」「埋もれ木から生える」などとされていたが、じつはモグラの排泄所跡から生えるものであることが日本で明らかになった。在外研究員としてヨーロッパに行くことになったとき、菌学のふるさとでそれを実証して、ヨーロッパ人の文字どおり足もとをおびやかしてみたいと思った。しかし、土地勘のないところでの一シーズンの滞在で、自分でそのきのこを見つけることはまず望めない。そこで、イギリス滞在中、私がいかにまじめにナガエノスギタケを探しているかを知ってもらう努力をした。

その結果、イギリスを去る予定の八日前になって、片道一日かかるところから連絡が入った。もうあきらめていて、長期滞在の後片づけに追われていたが、なにはさておいて発掘に行った。この発掘行は、イギリス菌学会の情報誌『The Mycologist』（一九八七年四月号）に次のように書かれている。

「……相良博士が呼び出された。疾走する自動車にはねられて命や手足を失い、公共高速道を破壊したカドにより逮捕される危険をおかして穴が掘られた。すると、見よ！ モグラの巣だ！」

伝聞にもとづいて書かれていて誇張がある。

この巣からはヨーロッパモグラ（*Talpa europaea*）の体毛とヨーロッパヤチネズミ（*Myodes glareolus*）

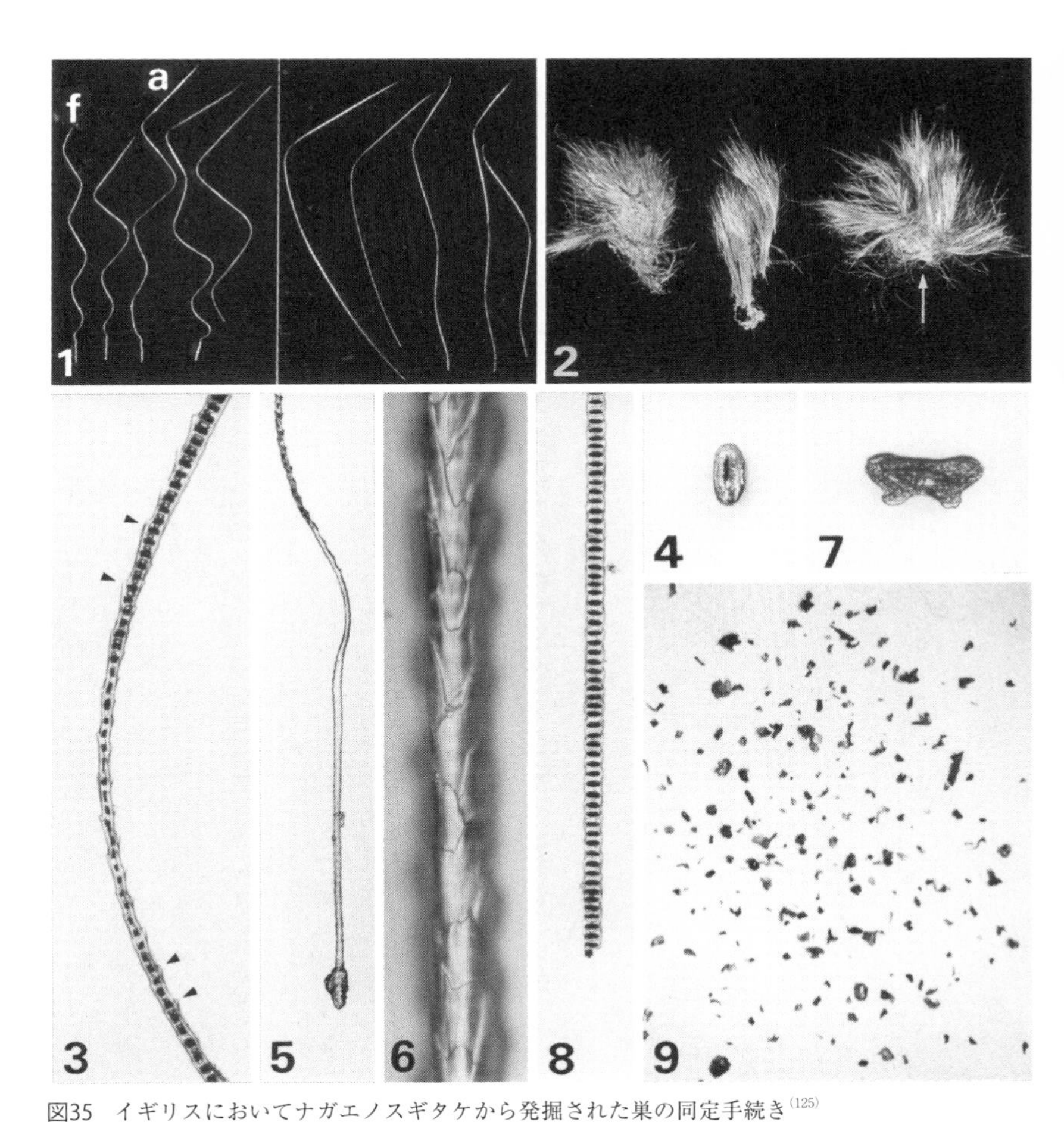

図35　イギリスにおいてナガエノスギタケから発掘された巣の同定手続き[125]

1：巣から２種の体毛が見出された。左５本はモグラ型（f は綿毛、a は芒毛）、右５本はネズミ型。× 5.2。**2**：そのネズミの体毛は束の状態で存在していたり、さらに皮膚片（矢印）をともなっていたりした。× 1.2。**3・4**：モグラ型の毛はヨーロッパモグラのものと判断される。なぜなら、(3) 芒毛と綿毛の鱗は片側に突き出し（矢じり印）、かつ屈曲部を境にして逆向きであり（食虫類の特徴）、(4) 芒毛の膨大部の横断面は楕円形である（モグラの特徴）。× 174。**5**：モグラの毛は基部が切れていなかった（自然脱毛の証拠）。× 88。**6・7**：ネズミ型の毛はヨーロッパヤチネズミのものと判断される。なぜなら、(6) 刺毛中部の鱗紋様は 'chevron' 型であり（ヤチネズミ・ハタネズミの特徴）。× 93、(7) 刺毛膨大部の先端部横断面には４つの凹み（溝）がある（ヤチネズミの特徴）。× 174。**8**：このネズミの毛の基部は切れていた（1 右も見よ）。× 88。**9**：巣の付近の排泄所から洗い出された節足動物の外殻破片（モグラが未消化で排泄したもの）。× 1.2

の体毛がともに現われて、どちらの巣か、あるいは両者ともに使用した巣かの判断に苦しんだ（図35）。後者ヨーロッパヤチネズミの毛は束になっていることがあり、さらに不思議にも、その束の一部はちぎれた皮膚をともなっていた。毛が自然に脱け落ちる場合にはこんなことは起こらないだろう。

「ネズミはモグラに食われたのではないですか」

と阿部永氏は言う。たしかに文献上もネズミの死体が食われることがあるとされている。阿部氏の言葉に励まされて証拠を捜したところ、ネズミの毛は全部、根もとが切れていることがわかった。つまり、むしり取られた状態になっていた。そこでこの巣はやはりモグラのものと判定した。巣や坑道の様式もこの判断を支持するものだった。

h　スイスの場合――ネズミの例見つかる[127]

一方、イギリス滞在中に、スイス、ローザンヌ大学で助手をしている村上康明氏から、

「同僚がナガエノスギタケを採ってきた……場所もおさえてある……発掘に来るなら、教授も協力すると言っている……」

と手紙がきた。そこでイギリスを出たあとのヨーロッパ旅行の予定を一部変更してスイスへ入った。入国の翌日にはもう山で発掘を行なっていた。

「情報は世界を制す」

一〇月末の、浸み透る冷気の中の作業で鼻水をすすりながら、こんな言葉が浮かんだ。ありがたいことだった。

郵便はがき

料金受取人払郵便

晴海局承認

8043

差出有効期間
2021年 9月
1日まで

1 0 4 8 7 8 2

9 0 5

東京都中央区築地7-4-4-20

築地書館 読書カード係

お名前	年齢	性別

ご住所 〒

電話番号

ご職業（お勤め先）

購入申込書 このはがきは、当社書籍の注文書としても お使いいただけます。

ご注文される書名	冊数

ご指定書店名　ご自宅への直送（発送料300円）をご希望の方は記入しないでくださ

tel

読者カード

読ありがとうございます。本カードを小社の企画の参考にさせていただきたく
ます。ご感想は、匿名にて公表させていただく場合がございます。また、小社
新刊案内などを送らせていただくことがあります。個人情報につきましては、
に管理し第三者への提供はいたしません。ご協力ありがとうございました。

入された書籍をご記入ください。

書を何で最初にお知りになりましたか？
□書店　□新聞・雑誌（　　　　）□テレビ・ラジオ（　　　　　）
□インターネットの検索で（　　　　　）□人から（口コミ・ネット）
□（　　　　　　）の書評を読んで　□その他（　　　　　　　）

購入の動機（複数回答可）
□テーマに関心があった　□内容、構成が良さそうだった
□著者　□表紙が気に入った　□その他（　　　　　　　　　　）

いちばん関心のあることを教えてください。

近、購入された書籍を教えてください。

書のご感想、読みたいテーマ、今後の出版物へのご希望など

総合図書目録（無料）の送付を希望する方はチェックして下さい。
新刊情報などが届くメールマガジンの申し込みは小社ホームページ
http://www.tsukiji-shokan.co.jp）にて

図36　スイスにおいてナガエノスギタケから発掘されたアカネズミ類（*Apodemus*）の巣[127]
F：きのこが生えていた位置、N：巣、S：ブナの種子（食べかす）の堆積

この巣はいつもと様子がすこしちがっていた（図36）。モグラの巣のような球形をしていないこと（崩れたとも考えられた）、地中のところどころにブナの実の食べかすが大量に堆積していることなどである。が、旅行中のこととてくわしい検討はできず、それは帰国後に持ち越された。

おかしいとはうすうす思いつつも、急に転回はできない。なにしろそれまでに発掘した二〇例ちかくがすべて食虫類（モグラ類）のものであったから、この例もモグラだとまだ信じていた。そして訪問するさきざきのセミナー講演で、「いまや、ナガエノスギタケの下から発掘される巣は食虫類以外のものではあり得ないと信ずる」

と咬呵をきってきた。ところが帰国して調べると、巣から見つかる毛はすべてアカネズミ類（*Apodemus*）のものだった（そこに分布する二種のアカネズミのうち、いずれであるかは判別できていない）。

それにしても、日本でなぜネズミの例が得られないのだろうか。私がこれまで調査してきた地域（本州）にも、同類のネズミがいるのにである。この点で興味深いのは、北海道からナガエノスギタケが記録されていることである。そこにはモグラもヒミズもいない。トガリネズミ（これも食虫類）が代わって原因になっているかもしれないと考えていたが[122]、ネズミの線でも検討しなければならないだろう。北海道での発掘が待たれる。

ナガエノスギタケの増殖原因が動物の排泄物ないしアンモニアだとすると、モグラ類の排泄所からだけ発生するというのにはすこし無理があった。この点では常道に戻ったのかもしれない。モグラ類に傾いてしまった理由としては、肉食性で窒素分濃厚な排泄をすると考えられたこと、排泄所形成がはっきりしていて大量の窒素が集積され、ナガエノスギタケの増殖を容易にすると考えられたこと、などがある。ともあれ、「もぐらのせっちんたけ」よ、何処へ。（補記11）

この件にかかわってから、私は三つの大きな失敗をした。はじめにモグラの巣をネズミの巣と誤認したこと、ナガエノスギタケとナガエノスギタケダマシとを混同していたこと、ナガエノスギタケの下にある巣はモグラ類のもの以外あり得ないとほとんど信じたこと、である。しかし、失敗に気づいたとき、そこには新たな展開があった。一方、しがないきのこ屋が動物学者の領域を侵したこともあろう。学問の世界も一寸先は闇である。

i　発表の先取権をめぐって

小型哺乳類の巣のそばの排泄所跡にナガエノスギタケが生えることは日本の私が見出したことである。しかし、文献上、私の研究成果が適切に取りあつかわれていないところがある。

レイナー、ワトリング、およびフランクランド氏の総説（1985）[111]の中に次のくだりがある。

"…*H. radicosum* is associated with animal nests and burrows (Watling, 1978)"（翻訳「ナガエノスギタケは動物の巣や坑道と結びついている――ワトリング、1978」）

ここには当然私（たち）の報告[118・119・129]が引用されるべきであるがそうはされていない。（補記12）

欧米人は日本人の仕事を無視しがちである。悪意からではなかろう。「英語圏外」「欧米文化圏外」「サイエンス（科学）はわれわれ（西欧）のもの」などというような意識にもとづくのかもしれない。

「日本は閉鎖的だ」と欧米から非難されるけれども（経済活動における実情は知らない）、文化的には欧米のほうが保守的、閉鎖的だと思う。学界について言えば、外国の業績を公平に評価し吸収しようという姿勢に乏しい。これにはわれわれは食い下がらなければならないだろう。文化的には日本はむしろ無節操に開放的だと思う。

j　ヨーロッパの自然と日本の自然

よこ道ついでに、ヨーロッパ滞在の感想のひとつを書かせていただこう。

「日本にはモグラが三種類いる」と言うと、ヨーロッパの人は「ほう！」と感心する（日本全土について正確に言うと、モグラの種類はもっと多い）。ヨーロッパではモグラは一種類しかいないから、「モグラ」とわかればもう種類は決まる。私の一〇年間の苦労のようなもの（本項のｂ）は不要なのだ。そして次の段階へ研究を進めることができる。

このような事情は、菌類はもちろん、ほかの生物群についても同様に存在し、日本の自然史（誌）生物学の重荷になっている。しかも、そのヨーロッパの単純な自然が解析されれば、北半球の暖帯以北の生物自然の構造や機能の基本的なところは理解されるように思う。つまり、ヨーロッパは生物学の歴史が古いだけでなく、自然の性格そのものからも研究がよく進む素地があると考えられる。そこへ肩を並べるのはなかなかむずかしいだろう。

したがって日本のわれわれとしては、その自然（生物相）の豊かさを逆手にとれば、よい研究が生まれるかもしれない。しかしそれが具体的にはどのようなものなのか、私にもわからない。

補記

1——表4に関わる、旧版刊行後の変更について。ウネミノイバリチャワンタケは新種 *Peziza urinophila* として記載された[217]（図50参照）。ナガエノスギタケダマシは正式に *Hebeloma radicosoides* として記載された（補記5参照）。イバリシメジ、タマニョウソシメジおよびモリノニオイシメジを含むシメジ類については、欧米の学者による分類学的再検討が行なわれた。その結果として、イバリシメジ、タマニョウソシメジなどの小型の群について新属を立てる必要が生じ、その属名として *Sagaranella*（「小相良」の意）がつくられた[183]。この表にない種類も含めてアンモニア菌・腐敗跡菌（補記6）のリストをつくり、学名の整理を行なったけれども[210]、疑問も残っている。アシナガヌメリに似た不詳種の存在も残る問題。旧版刊行後に記載されたアカヒダワカフサタケモドキ *Alnicola lactariolens*（当時はアカヒダワカフサタケと混同されていた[210]）は、その後、*Hebeloma lactariolens* に変更された。

2——尿素やアンモニアが供給された土壌における遷移後期の菌根形成、および後述のモグラの排泄所における菌根形成については後に発表し、そこにみられる動物・菌・植物の三者関係は掃除共生のひとつではないかとの認識を提示した[197]。図31、図49参照。

3——口絵1および図33左にみるように、ナガエノスギタケの子実体が、暗黒の地中深所（モグラの排泄所）から柄を伸ばしてまっすぐ地表へ上がってくるとき、何に導かれ、あるいは何をたよりにしているのだろうか。なぜ、下方、側方、いや無方向に伸びないのか。この疑問について、金子愛氏が実験をして調べた。その結果、柄は、光とは無関係な、負の重力屈性（地球の重力の方向にしたがって下へ向くのが正、重力に逆らって上へ向くのが負）によって上向きに伸びることがわかった。そして、地上に出てからあと、傘の成熟には光を要することも[185]。アシナガヌメリについては研究していないが、ほかの地中深くから生えてくるきのこも含めて（ツエタケ、ハタケシメジ、シロアリタケなど）、たぶん同じ原理だと思う。きのこが傘状に地上に生えるのは当たり前と思われるかもしれないが、条件によっては真っ逆さまに下向きに生えることもあるのだ（たとえばシイタケ）。

なお、モグラの排泄所において外生菌根を形成している菌糸と地表に現われたナガエノスギタケ子実体とが、遺伝子解析によって、同種でかつ同一個体（クローン）と言えることも明らかにされている[186・189]。

4――モグラの巣の調査法についてはのちに詳細にまとめた[200]。

5――ナガエノスギタケダマシはようやく二〇〇〇年に新種として発表できた[212]（補記1参照）。このきのこは、アカネズミ類の地下巣付近の排泄所から生えたことがある[207]。

6――ほぼ毎日少量ずつ尿素を地中に注入する試みを、丸西一枝氏が神戸でやってくださったが、そこでは結果がでなかった。

ナガエノスギタケは「尿素を播いても生えないから、アンモニア菌に含めることはできない」と書いたことについて。尿素やアンモニア水などの実験的施与によって生やすことができるもの（アンモニア菌）と、そうでないもの（トムライカビ、ナガエノスギタケなど）を区別し、後者に居場所を与えるため、「腐敗跡菌」という言葉をつくった[195・197・198・210]。すなわち後者は、実験下ではなく自然条件下において排泄物や死体の朽ち果てた跡に成育する菌類をまとめる概念である。アンモニア菌の多くも自然条件下では排泄物や死体の分解跡に生えるから、ここに含まれる。すなわち、一一〇頁の「尿・糞分解跡菌」「動物死体分解跡菌」「巣分解跡菌」は、まとめて「腐敗跡菌」とされる。

ナガエノスギタケは、ナガエノスギタケダマシのようには野外で人為的に生えさせることはできないが、両菌とも純粋培養下では容易に子実体まで成長させることができる。[192] 補記3に書いた金子氏の研究もこの方法にもとづいている。

ところで、この方法を開発した太田氏の別の論文[191]をながめていて、「おや？」と思ったことがある。ナガエノスギタケは、太田氏が調べた数ある菌根菌の中で、なんとあのマツタケに炭素源利用能が似ているのだ（著者は指摘していない）。かたやナガエノスギタケは栽培容易、かたやマツタケは栽培不能。どこがちがうのであろうか？　似ていると言えば、培養菌糸が高温に弱いらしい点もある。マツタケ培養菌糸の死滅温度は三〇℃。電気冷蔵庫がなかったころ、浜田稔先生はマツタケ菌株を比叡山に避暑させていた。ナガエノスギタケについてはきちんと実験してはいないが、室温で夏を越せなかったことを私は経験している。

7——ここでは、一九九九年まで、少なくとも二二年以上にわたって営巣がつづいた。[201]

8——その後の成果として次のことがある。

⑩「生息地浄化共生」の提唱、[201] ⑪巣と巣室の構造の明確化[200・201]（巣の出入口は一つである）、⑫（個体標本の採取に寄らず）巣の同定によるモグラ類新分布地の発見、[190・201・213] ⑬低標高地におけるミズラモグラの生息と営巣の実証、[213] ⑭ミズラモグラ幼獣の発見と飼育条件下への持ち込み（ミズラモグラの繁殖に関する初情報の提供、[203] カバー表4写真参照）、⑮同一地点における長期連続営巣の初記録、[201]

⑯同一地点における長期断続営巣の知見（口絵4ほか、未発表）、⑰長期営巣における住者の交替の実験的証明[206]。

これらの研究から派生したこと。吹春俊光氏（千葉県立自然史博物館）の企画で、モグラの巣とその近傍を模した実物大ジオラマが製作され、千葉県立自然史博物館と京都大学総合博物館に展示されている。そのジオラマに配されたナガエノスギタケの模型は、本書図33左に写っている子実体の現物を鋳型として作成されたものである。また、モグラの剝製はアズマモグラである。

9――ここでは、モグラはきのこや樹木を食べはしないが、排泄所の浄化をそれらに負っている[197]。そこでこの三者関係を「生息地浄化共生」と呼ぶことにした[201]。その後、大冊『きのこハンドブック』[188]の中の一項「動物ときのこの共生」の執筆を機に、腐敗跡菌（補記6）のみならず、糞生菌をも生息地浄化共生の概念の中にとらえなおした。そして、動物ときのこの共生の型を、「菌食にもとづく共生」と「排泄または死にもとづく共生」の二概念のもとに整理した。このことは、動物がその生活環境の浄化（清掃）を菌類そのほかの生物に「負っている」ことを強調したもので、共生観の変革を主張したものである。

10――北米からは、後年、ナガエノスギタケが記録され、ブナ林に生えるとは書かれているけれども、宿主動物についての情報はない[179]。ニュージーランドの *Cortinarius australiensis* については自身で調査したところ、マツタケ型のシロをつくることがわかった（未発表）。つまり、動物は関係ない（ニュージーランドにはもともと哺乳類がいなかった）。

11——ネズミの例はその後スイスでさらに三例得られた[209]。北海道からはトガリネズミの例が発見された[208]。同様にモグラのいない北欧ノルウェーでは、アナグマの巣のそばの排泄跡にナガエノスギタケが生えることがわかった（未発表）。ヨーロッパモグラの例は、本書に書いたイギリスの一例のほか、スウェーデンから一例、スイスから七例得られている（未発表）。

日本のナガエノスギタケは、一九三八年以来、ヨーロッパの *Hebeloma radicosum* と同種とされてきた。しかし、最近の分子系統学的研究からヨーロッパのものとは別の種類と認定され、日本のものは新種 *Hebeloma sagarae* として発表された（二〇二〇年八月二〇日）[181]。ヨーロッパのものと日本のものは、近縁の別種ということだ。

このあつかいから本書が受ける影響はまだよく理解できていないが、ヨーロッパのものはオウシュウナガエノスギタケとでも呼ぶべきなのだろうか（糟谷大河氏私信）。いまひとつ思うことは、日本ではなぜネズミの例が見つからないかという疑問とのかかわりである。日本のナガエノスギタケのほうが生態の幅が狭いと考えれば、すこしわかった気になれる。

12——この引用では、あたかもワトリング氏が発見者であるかのようにみえる。旧版ではワトリング氏の記述[160]を翻訳し詳しく経緯を書いてその引用の不適切さを訴えたが、新訂版ではこれだけの指摘にとどめる。この研究が外国から触発されたものではなく、私独自のものであることはおおかた理解されたと思う。

5章 死体ときのこ

ここでは、まず哺乳類や鳥類の死体を考える。そのなまなましい死体——骨と皮だけという状態にまで朽ち果てていない遺体——にきのこが生えるだろうか。生えるとは聞いたことがないし、私自身でも調べたことがない。

ドイツの法医学書をみると、かびがヒトの死体の分解に重要な働きをすることは書かれている。墓穴内での死体の腐朽段階に応じてそのかびを三つのグループに分けた例がある。すなわち、腐爛死体に生えるかび、乾き脂ぎって壊れつつある、死後一年くらいまでの死体に生えるかび、そして遺骨に生えるかび。土から掘り出した死体にはかびの被膜ができていて、死体の形態がわからなくなっていることがあるとも言う[164]。

冷蔵庫に牛肉や鶏肉を入れて忘れていると、それにケカビ（*Mucor*）が生える（冷蔵庫内でも腐るということ）。山から持ち帰った落葉堆を植木鉢に入れ、そこに、大きいイワシ一匹を三分したものを置

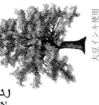

時間軸で探る日本の鳥

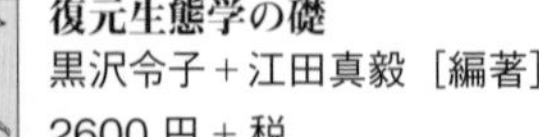

復元生態学の礎

黒沢令子＋江田真毅［編著］

2600 円＋税

海に囲まれた日本列島にはどんな鳥類が暮らし、人間とどう関わってきたのか。時代と分野をつなぐ新しい切り口で描く。

オオカマキリと同伴出勤

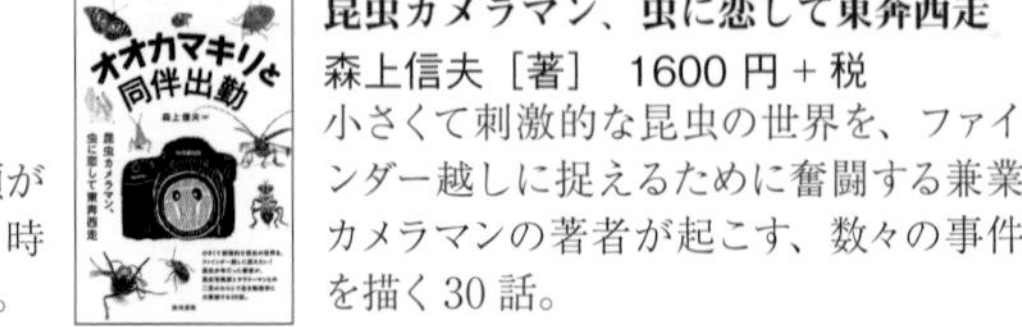

昆虫カメラマン、虫に恋して東奔西走

森上信夫［著］　1600 円＋税

小さくて刺激的な昆虫の世界を、ファインダー越しに捉えるために奮闘する兼業カメラマンの著者が起こす、数々の事件を描く 30 話。

海の極小！いきもの図鑑

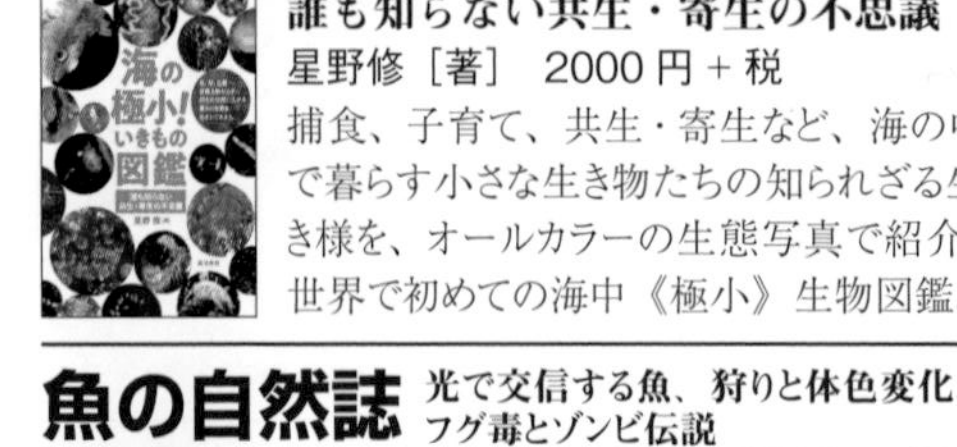

誰も知らない共生・寄生の不思議

星野修［著］　2000 円＋税

捕食、子育て、共生・寄生など、海の中で暮らす小さな生き物たちの知られざる生き様を、オールカラーの生態写真で紹介。世界で初めての海中《極小》生物図鑑。

先生、大蛇が図書館をうろついています！

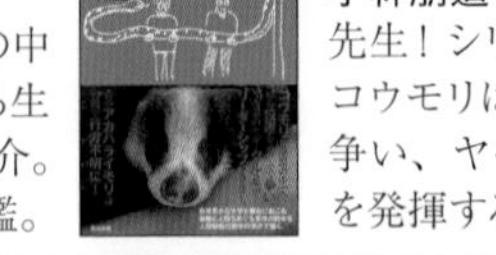

鳥取環境大学の森の人間動物行動学

小林朋道［著］　1600 円＋税

先生！シリーズ第 14 巻！

コウモリは洞窟の中で寝る位置をめぐり争い、ヤギ部のクルミがリーダーシップを発揮する！

魚の自然誌 **光で交信する魚、狩りと体色変化、フグ毒とゾンビ伝説**

ヘレン・スケールズ［著］　林裕美子［訳］

2900 円＋税

世界の海に潜って調査する気鋭の魚類学者が自らの体験をまじえ、魚の進化・分類の歴史、魚の思考力など、魚にま

昆虫食と文明 **昆虫の新たな役割を考える**

D・W＝テーブズ［著］片岡夏実［訳］

2700 円＋税

人類が安全な食料供給を確保するための重要な手段である昆虫食。環境への影響、昆虫生産の現状や持続可能性をユーモラ

森の恵みと暮らしをつなぐ

東京大学富士癒しの森研究所［編］

2000円＋税

皆でできる森の手入れが暮らしや地域を豊かに。従来の林業を乗り越えるきっかけとなる、森林と人をつなぐ画期的な第一歩。

腸活・菜園・有機給食

吉田太郎［著］　2000円＋税

世界の潮流に逆行する奇妙な日本の農政や食品安全政策に対して、パンデミックと自然生態系、腸活と食べ物との深いつながりから警鐘を鳴らす。

地域林業のすすめ 林業先進国オーストリアに学ぶ地域資源活用のしくみ

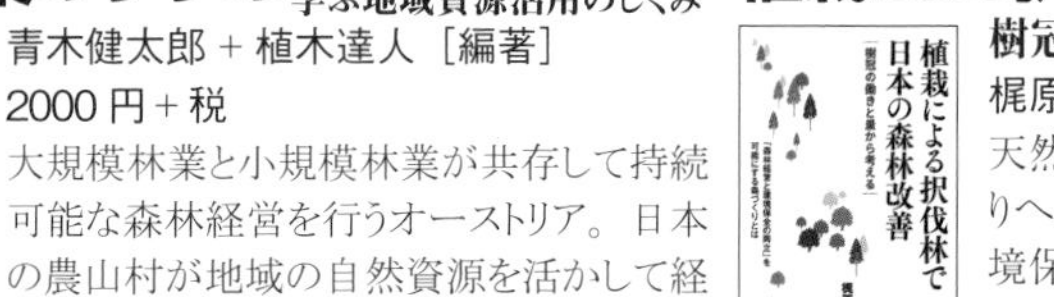

青木健太郎＋植木達人［編著］

2000円＋税

大規模林業と小規模林業が共存して持続可能な森林経営を行うオーストリア。日本の農山村が地域の自然資源を活かして経済的に自立するための実践哲学を示す。

植栽による択伐林で日本の森林改善

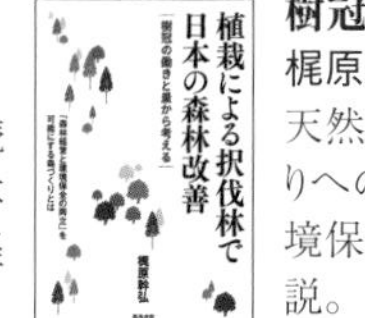

樹冠の働きと量から考える

梶原幹弘［著］　1800円＋税

天然更新によらず、植栽による択伐林づくりへの新たな理解を深め、木材生産と環境保全機能を両立させる森林のあり方を解説。

半農半林で暮らしを立てる

資金ゼロからのＩターン田舎暮らし入門

市井晴也［著］　1800円＋税

国土の7割が森林におおわれた日本列島で自然によりそって暮らす。新潟・魚沼の山村で得た25年の経験と暮らしぶりを描く。

森と人間と林業 生産林を再定義する

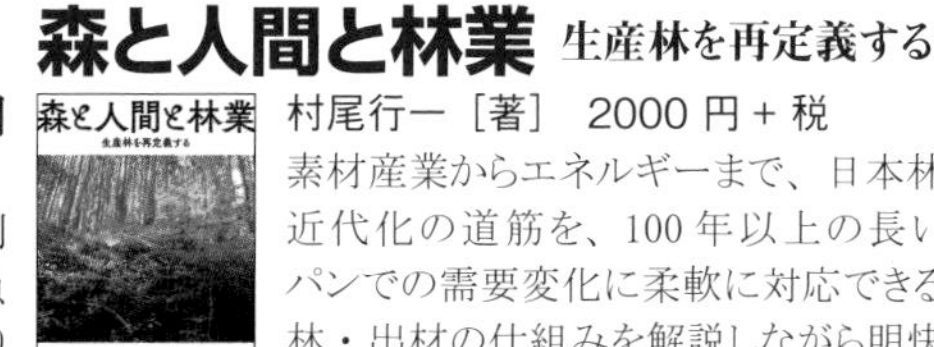

村尾行一［著］　2000円＋税

素材産業からエネルギーまで、日本林業近代化の道筋を、100年以上の長いスパンでの需要変化に柔軟に対応できる育林・出材の仕組みを解説しながら明快に示す。

ラスコー洞窟、知的生命体の
発見騒動から火星行きの基地化まで

D・ホワイトハウス［著］　西田美緒子［訳］
3400 円 + 税

先史時代から現代、神話から科学研究まで、人間と月との関係を描いた異色の月大全。

野生動物の復活と自然の大遷移

イザベラ・トゥリー［著］　三木直子［訳］
2700 円 + 税

生物学者、自然保護活動かを驚愕させた、欧州の先端知見を集めた環境復活実験を、ダイナミックに描いた全英ベストセラー。

微生物と樹木の本

菌根の世界

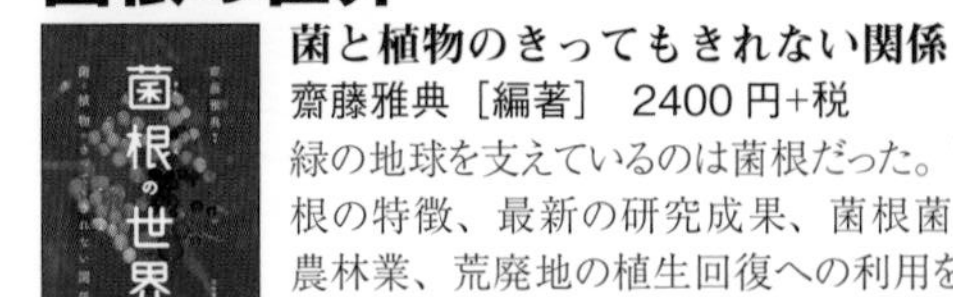

菌と植物のきってもきれない関係

齋藤雅典［編著］　2400 円+税

緑の地球を支えているのは菌根だった。菌根の特徴、最新の研究成果、菌根菌の農林業、荒廃地の植生回復への利用をまじえ、多様な菌根の世界を総合的に解説。

人に話したくなる土壌微生物の世界

食と健康から洞窟、温泉、宇宙まで

染谷孝［著］　1800 円 + 税

人間や植物の生育を助け、病気を引き起こし、巨大洞窟を作り、有害物質を分解する。身近なのに意外と知らない、土壌微生物のすべてがわかる本。

藻類　生命進化と地球環境を支えてきた奇妙な生き物

ルース・カッシンガー［著］　井上勲［訳］
3000 円+税

すべての植物は藻類から始まった。一見、とても地味な存在である藻類の、地球と生命、ヒトとの壮大な関わりを知る。

樹に聴く

香る落葉・操る菌類・変幻自在な樹形

清和研二［著］　2400 円+税

森をつくる樹は、さまざまな樹々に囲まれてどのように暮らし、次世代を育てているのか。日本の森を代表する 12 種の樹それぞれの生き方を、緻密なイラストとともに紹介。

いて腐りを観察したことがあるが、そのときもイワシの体と落葉との接点付近にケカビが生えた。

日本の夏場であれば、野外に放置されたヒトの死体は一〇日ほどのうちにほとんど白骨になってしまうようだ。そこにきのこが生えることは時間的にもむずかしい。生長の早いケカビ類や酵母は増殖するかもしれない。冬場であれば菌の活躍舞台はもっと増えるかもしれないが、「きのこ」が生える場面はないのではなかろうか。そして、もうすこし時間的にのちの、死体が朽ち果てたあとについてはこれまで注目されていなかった。

1——死肉が朽ちたあと

(1) トムライカビ、そして再びアンモニア菌

ここでは、死体が地表に放置された場合についてみる。

a 尿素、アンモニアから蛋白質へ

死体の軟質部分（筋肉、内臓など）は急速に腐り去るが、あとに何も残さないだろうか。

さきに紹介したアンモニア菌（4章2節1項）の研究の初期、どうやらアンモニアが問題らしいとわかりかけていたころのことである。放尿跡にアンモニア菌の一種のチャワンタケが生えたことを浜田稔先生（師匠）に話すと、

「尿のかわりに肉か死体でもいいんだな？」

と言われた。これで再び私の視野は一挙にひろげられた。蛋白質は分解されてアンモニアになる……。私はさっそく挽肉五〇グラムを山の地面二〇×二〇センチメートルに置いてみた。少量すぎたけれども、それが腐ったあとにごく微小なイバリシメジが一個生えた。他方、山の路傍にころがっていたネコの死体が腐った跡を見つづけたところ、イバリスイライカビ、イバリシメジ、アシナガヌメリ、キチチタケなどが現われた。その後も機会あるごとに、林地にころがったネコやイヌの死体の分解跡を観察してきた。集計すると、尿素施与で得られたアンモニア菌の多くがそこでも得られた[115]。

死体と言えば、ヒトの死体も例外ではないはずだ。そこで、山で自殺した（？）ヒトの腐乱死体ないし白骨死体を収容した跡地を警察でたずねて調べた。例数が少ないので確かなことは言えないが、アンモニア菌は案外少なかった。記録されたのは、イバリスイライカビおよびウネミノイバリチャワンタケにとどまっている。代わりにほかの菌が生えたわけではない。蛋白質の種類は異なっても、分解して生ずるアンモニアに変わりはないから、ヒトの死体がアンモニア源として例外であろうはずはない。アンモニア菌が少なかったのには、何かほかの理由があるのだろう。たとえば、量が多すぎた（死体が大きすぎた）、土壌へのアンモニア供給が長期にわたりすぎた、場所が適当でなかったというようなことなどである。

b　魚、山に朽ちる

死体を腐らせてみる実験としては、もっとも安価な冷凍アジ二キログラムを林地にかためて置いた。後年の外国での講演では、

図37　海産魚サバを腐らせたあとに生えたトムライカビ（仮称）（*Rhopalomyces strangulatus*）
左：発生状況（左上は拡大写真）。矢印はサバの骨。右上にハエがきている
右：胞子嚢と胞子。×57

「魚を山に登らせ、そこで死なしめてみよう」と言った。魚が腐らないうちに、けもの（？）にさらわれてしまって、この実験は成功することが少なかったけれど、さらわれずにうまく腐りを全うすると、その跡にはアンモニア菌の多くが現われた（図25の2、カバー表1側そで写真参照）。さらに冷凍サバ三・五キログラムを放置してみたこともある。[115] これらの観察から、アンモニアまたは尿素の施与によって得られる菌類——狭義のアンモニア菌——が出現する前に、接合菌の相があることがわかった。すなわち、腐敗臭がまだ強く近寄りがたいころ、ケカビ類とロパロミセス・ストランギュラートス（*Rhopalomyces strangulatus*）が現われる（図37）。とくに後者は死体専門というべきもので、これまでに試みたいかなる化学物質施与によっても発生させることができない。培養もむずかしい。[153] 同類のロパロミセス・エレガンスは、線虫の卵を攻撃することが知られている（3章2節2項）から、

この菌も同じようなきわめてせまい特殊な生活法をもつのかもしれない。

この菌が現われているときは猛烈な悪臭（屍臭）をともなっている。死体の腐りが一段落してほとんど臭いが無くなっていても、この菌が現われるとすごく臭う。死体から発する臭いか、土から発する臭いか、菌体そのものから発する臭いか、臭い物質がさきにあって菌が増殖するのか、菌の生活の結果として臭いが生ずるのか、臭いの本体物質は何か、などなど、何もわからないが、この菌とのつきあいは悪臭とのつきあいだと言ってよい。この菌を最初にはっきり認識したのは、ヒトの死体跡を調査したときだった。

「ヒトの死体はさすがに臭いな」

と思ったものである。しかし、この菌はかびと称されるものの中ではきわめて大型で、魅惑的な菌である。ひとまずトムライカビと呼んでおきたい。

c　「死して生ず」、オーストラリア版

オーストラリアで一九七六年、たぶん車にはねられて路傍で死んだ大きなヘビの死骸のまわりに、アシナガヌメリに似たワカフサタケ属の一種が生えていた。翌一九七七年、同じきのこが、大きなカンガルーの白骨のまわりに一〇〇個ほども生えていた。これは現地の新聞記事となり、それには“Life from Death”という見出しがつけられた。その記事の中でこのきのこは“ghoul fungus”と表現された（「ghoul」はアラビア語起源で、墓をあばいて死肉を食うと言われる悪鬼のこと、「fungus」は菌）。この新聞報道がきっかけで、同じような事例が一〇ほども集まった。[51]

この報告は、のちに紹介する私の発表（本節2項のa）に触発されて書かれたものであるが、死肉を好む性質を表現する言葉として、sarcophilousとかmacabreという語も用いられている。ほんとうは、死肉そのものを好むわけではないはずだが、訳せば「好死肉菌」というところか。なお、このきのこは新種として発表される予定と聞いている。南半球や熱帯のアンモニア菌はまだ研究されていない。これからどんなことが出てくるか楽しみだ。（補記1）

d　カルチャー・ギャップ

ネコ、イヌ、ヒトなど、動物の種類のちがいによって生えるアンモニア菌の種類がちがうということはない。このことを聞いててつまらなそうな顔をする人がある。寄生現象や共生現象をみる眼をもってすれば、そうかもしれない。腐生現象でも、死体そのものに生える菌があればそれは動物の種類（蛋白質の種類）によってちがうことはあり得る。しかし腐れば同じアンモニアになるから、それによって生える菌は同じでなければならないだろう。ここに、寄生や共生の論理とはちがう、無機化と不動化（mineralization and immobilization）の論理とでも言うべきものがある（4章2節1項のc参照）。おもしろくないと思うのはまあ勝手だが、それによって評価してもらっては困る。いわば、文化のちがい（カルチャー・ギャップ）なのだ。

野生動物の死骸を見ることはほんとうに少ない。どこで死ぬのかと不思議に思う。熟達の野外研究者に聞いても似たような感想をもっている。野生動物はたぶん、まともに生涯を終えることも、まともに腐りを全うすることもあまりないのだろう。もしそういうことがあったときには、アンモニア菌が待ち受けている。「屍動物」と言われる虫たちが土の中に待機していたり、遠方から嗅ぎつけて飛来するのと同じである。

⑵「死体探知茸」

ここでは死体が地中に埋められた場合についてみる。

a　吉田山から　京大のすぐそばに吉田山という小高い丘陵がある。町にかこまれてはいるが、ここには山的自然があり、授業の中で学生を連れて行く。

ある実習のとき、アンモニア菌の一種アカヒダワカフサタケが栄養よろしく生えていた。ただ一個だが、尿素施与区でも見たことがないほど立派なものだった。発生原因は何か？　……地表には異常がなかった。じつはそれより七年ほど前に、このきのこの下からイヌの死骸を掘り出したことがあった。学生にアンモニア菌の話とこの話とをして、

「掘ってみようか」

と言った。すこし土をほじくると、すぐに骨が出てきた。ネコの墓らしかった。

学生に対しては面目を施したが、しまったことをした。地中に埋められた死体からきのこが出たところをちゃんとした写真にまだ撮っていなかったのである。そこで、それ以上掘り荒らさないで土を埋めもどし、後日を期した。幸いにも前とほとんど同じようにきのこが生えたので、掘り出したネコの白骨とともに写真を撮った（口絵2、図49参照）。そして、その写真をもとにした記事をイギリスで発行され

図38
ネコの死体（墓）から生えたオオキツネタケ[120]（図49参照）
上：枯れたきのこ一つひとつに標識を添えた
下：地中から回収された骨。ネコ1個体分であることがわかる

る雑誌に投稿した。その中で、地中に埋められた殺人の被害者がきのこから見つけられるかもしれないと書き添えておいた[117]。（補記2）

同じ吉田山で五年後、前記アカヒダワカフサタケ発生地からわずか一〇メートルくらいのところで、アンモニア菌オオキツネタケが二〇個以上ひとかたまりに生えていた（図38上）。地表には異常がなかったが生え方が異常なので、死体が埋められていることを予期して注意深く掘った。今度もネコの死骸だった（図38下）[120]。アカヒダワカフサタケのときと同じ人が、次に飼って死んだネコを再び埋めて墓としたのかもしれない。

愛知県岡崎市で、アンモニア菌ナガエノスギタケダマシの発生地を調べたことがある。そこは寺の墓地の片すみで、地表には異常がなかった。しかしスコップを入れると土はやわらかく、いったん掘って埋め戻されたことがわかった。出てきたのは、首輪と鈴のついたネコの白骨だった[69]。

「地表には異常がなかった」と何度も書いたが、きのこが現われるころには過去に何があったのか一見しただけではわからなくなっているのである。これらのきのこが現われるには、「事件」後数か月以上かかる。なお、死体が埋められた場合、アンモニア菌の遷移の前期に現われるべき菌は現われない。

実験屋としては、市の衛生局か清掃局か、しかるべきところからネコやイヌの死体を手にいれて山へ放置したり、埋めたりするべきだったかもしれない。そうすれば、この方面の資料は短期間のうちにいくらでもとれたであろう。しかし私はそれはやらなかった。それほど研究熱心ではなかったのと、アンモニア菌の性質からして結果が見えすぎたのである。また、「自然」にもこだわった。すなわち、自然条件下でのアンモニア菌の発生地を探索する研究の中で、私自身が死体を放置したり埋めたりすると「実験」になってしまう。人の営みに違いないとはいえ、私とは無関係に行なわれたことが「自然」だった。

b　アメリカから

「吉田山」がイギリスの雑誌に載って世界中で読まれてから五年後にアメリカで出版されたきのこ案内書で、*Hebeloma syriense* というきのこが〝Corpse Finder〟（死体探知茸）として紹介された[72]。そのきのこの下からヒトの死骸が見つかって犯罪があかるみに出、さらに、同じきのこの下に幼児の死骸のはいった箱が埋まっていたという。この学名のきのこは日本では記録されていないが、送ってくれた標本を見ると、アンモニア菌のアシナガヌメリと同一種のようである。とすれば、アンモニア菌からヒトの死骸が見つかったということになろう。この項の話は、猟奇的な関心の的になりがちであるが、アンモニア菌の話を読まれた方には、しごく当然なこととして受けとめていただけよう。私にはむしろ、このような特異な現象がこれまで知られていなかったことのほうが不思議だった。

白土三平氏の漫画『栬鰾僄潢（いしみつ）』第二話に、地中に埋まった少年の生けるがごとき死体から、墓標のように大きなきのこが生えている場面がある。これは、冬虫夏草（2章2節1項）と中国文献に出てくる「肉芝」とを参考にした創作と拝察する。しかし、「肉芝」なるものの正体が何であるかは気になって、ずいぶんさまよった。アンモニア菌ないし死体探知茸にいちばん近いのは、『太平廣記』（九七八年）の「菌毒」の項に引用されている記事であろう。一方イギリスのオウブレイ（J. Aubrey）の本（一七一八年）にも気になる記事がある。本書では民俗学的なことはあつかわないことになっているのでこれ以上立ち入らないが、中国の文献にみられるものもイギリスのものも、現代の生物学で正体を明らかにするにはいたっていないことだけ述べておこう。つまり、この項や前の項であつかう現象の、文献上の先例は存在しないと言えそうである。

2——硬組織の腐り

(1)「毛生菌」「骨生菌」

死体の軟質部分が腐り去ったあとに、骨、毛、毛皮、角、蹄、爪、羽毛、嘴(くちばし)などが残る。これらは硬組織とも言われ、肉食あるいは雑食動物の糞の中にもかためて排泄される。そして大地に永く形が残るため、そこに生える菌はかなり古くから知られていた。ただし、骨そのものに生えるのではなく、毛や角質化した皮膚などに生える。これらの部分が朽ちにくいのは、ケラチンという硬蛋白質から成っているからである。自然界でケラチンを分解できる生物は少ない。その少ない生物として、それらの菌は存在するわけである。それゆえ「好ケラチン菌」「ケラチン分解菌」などと言われてきた。しかし正確に言うと、毛や角などに生える菌のすべてが酵素的にケラチンを分解できるわけではない。そこで私は、まずは現象的に「毛生菌」とか「骨生菌」という言葉でとらえておきたい。ほとんどが「かび」であるが、子嚢菌のホネタケ属だけがきのこ的である。(66)

ホネタケ(*Onygena corvina*)はいわゆる「珍菌」で、日本では七例見つかっている(注:一九八八年時点)。生えた場所は、フクロウの遺体、タヌキの糞中のムササビやネズミの毛と骨片、などである。(138)純粋培養すれば、オートミール寒天培地上で子実体にまでなる。(65)

これらの菌は、平常は土壌生息菌として、大地に微量ずつ添加される毛などについて生育しているの

図39　地中に脱け落ちたモグラの毛（矢印）に着生していた菌
上：毛に巻きついた太い褐色菌糸。× 300
下：毛の表面に形成されたらしい不完全菌胞子（多細胞）。× 385

であろう（図39参考）。そして硬組織が大量に大地に与えられたときそこに特異的に増殖して、人目につくのであろう。鳥の巣からもたくさん見つかる。それらの菌の中には、ヒトの皮膚に対して潜在的に病原性をもっているものもある。しかし、必ずしもケラチンを好むとはかぎらず、競争相手がいないところではじめて成育できるとみるほうがよいかもしれない。なぜなら、培養下では単純な炭素源を利用できるからである[56]。

前記アンモニア菌の研究の中で、各種アミノ酸の効果を調べたことがある。そのとき、シスチン一キログラムを林地の〇・五平方メートルに施与した。シスチンは含硫アミノ酸のひとつで、硬蛋白質ケラチンの主構成分である。したがって、アンモニア菌は当然生えずに、好ケラチン菌がおびただしく生えるのではないかと期待した。しかし菌はとくに生えず、シスチンもなかなか分解しなかった。二年半たってもまだその粉末が地表に残っていた。

さらに、山から持ち帰った落葉堆をポットに入れ、そこにケラチンを置いて腐らせようとした。しかしやはり腐りにくく、菌は生えなかった。純粋な物質は菌にとってどうも魅力に乏しいようである。硬蛋白質でも、軟骨・腱・真皮などに存在するコラーゲンはずっと分解されやすい。ケラチンについて行なったのと同様に室内で分解実験をすると、アンモニアがすこし発生したらしく落葉堆がわずかながら黒くなり、アンモニア菌に属するウネミノイバリチャワンタケが発生した。

3――虫たちの死体は

(1) 易分解部分

昆虫など、小さな節足動物にも筋肉や内臓がある。それが腐ればアンモニアが出るはずだ。そこに、ケカビ類やアンモニア菌がすこしは増殖してもおかしくない。自然の動きに本質的なちがいはあるまい。次章（6章1節1項）の研究の中で、クロスズメバチの成虫および羽化直前の蛹の死体、合わせて六〇〇匹（風乾重二一二グラム）（熱をかけて乾燥した場合と風にさらして乾燥した場合とでは乾燥度が異なる）を林地の有機物層一五×一五センチメートルに鋤き込んだことがある。するとそこに、微小なイバリシメジ（アンモニア菌）が二個生えた。また、オオスズメバチの蛹一六〇匹の死体（やや腐敗・乾燥して三九七グラム）を、二〇×二〇センチメートルの有機物層の下に入れた。その結果、イバリスイライカビ、ザラミノヒトヨタケモドキ、タマニョウソシメジ、および微小なナガエノスギタケダマシなどのアンモニア菌が生えた。

これらの実験では虫の死体が多量に使用され、結果もきのこの発生として認められているが、きのこにまで成るか成らないかは生態学的にはたいして重要でない。要は菌糸の増殖であり、虫一匹の死体からもそれは起こり得るだろう。

(2) 難分解部分

節足動物の外殻は主としてキチンで構成されており（1章1節5項）、これはわれわれの毛と同様に腐りにくい。毎年暖かくなると多くの虫が発生し、またわれわれの食品としてエビやカニ（これらも節足動物）が存在することからもわかるように、外殻の後始末＝キチンの分解は地球にとって大問題である。もしまったく分解されなかったら（腐らなかったら）困るわけだが、やはり微生物によって徐々には分解される。菌類としては、土壌中にふつうに存在するモルティエレラ（*Mortierella*）、ペニシリウム（*Penicillium*）、トリコデルマ（*Trichoderma*）などのかび類にキチン分解能が認められている。ただし、骨生菌・毛生菌の場合と同様、節足動物の外殻に生えていたからといって、キチン分解能があるとは言えない。外殻にはほかの物質も含まれているものだ[56]。

市販の精製されたキチンを林内地表に置いたり、山から持ち帰った落葉堆の上に置いたりしてみたことがあるが、いつまで経っても腐らずそのままで、少なくとも肉眼的にはかびも生えなかった。一方、カニの甲羅を土に埋めるとわりあい早く分解すると聞く。前にも述べたように、純粋な物質は菌に好まれないのかもしれない。カニの甲羅にはキチン以外のいろいろな物質が混じっているのではなかろうか。生物は、ケラチンのみによって、もしくはキチンのみによって、あるいはまた炭素と窒素のみによって生くるにあらず、なのであろう。分解にあずかる生物の側の構成も複雑なほうがキチンの分解がよく進むようだ。すなわち、細菌＋細菌食性線虫または真菌＋真菌食性線虫の存在下でキチンからのアンモニア生成が大きくなる[25]。

プラスチックとは異なり、自然のものは腐るからよいのである。生物は分解されて大地に還るからよいのである。そのような観点からすると、腐らない骨を発達させてきた脊椎動物やサンゴは、邪道を歩んでいるようにみえる。骨は炭素や窒素を含まず、ほとんど岩石というに等しい無機物になっているから、自然界の生々流転を阻害しないのであろうが、「形を残す」という点はやはり邪道かもしれない(この本しかり)。

補記

1――アンモニア菌の研究は、その後、あるいは並行して、次に挙げる人々によって行なわれた。鈴木彰、吹春俊光、山中高史、糟谷大河、長尾英幸、堀米(現・山田)礼子、今村彰生、J. K. Raut

（ネパール）、S. Sponsathien（タイ）、D. C. W. Licyayo（フィリピン）、P. T. Nguyen（ベトナム）、N-D.H. Pham（ベトナム）、B-T. Q. Ho（ベトナム）、P. K. Buchanan（ニュージーランド）（順不同）。その成果をまとめて紹介する力はないので、それぞれの方の著作をみていただきたい。私のアンモニア菌研究の後始末はよくできておらず、これらの方々にたいへん迷惑をかけた。
南半球その他の外国のアンモニア菌の研究は、初期には私もかかわったが、右記の人々によって行なわれている。それによれば、種類構成は基本的にどこでも同じであるが、地方に分化した、異なる種類が含まれていることが明らかになってきた。たとえばヒトヨタケ類についてみると、日本のものと近縁で、外観では区別のむずかしい異種がそれぞれの地方で分化しており、これまでに五種が新種として記載された。また、ニュージーランドでは、北半球のものとは肉眼的にも明らかに異なるワカフサタケ属やキツネタケ属のアンモニア菌がみられる[182]。しかしそこでも、日本の尿素施与区と同様にワカフサタケ属やキツネタケ属の枠内であるところが「アンモニア菌」のよって立つところであろう。

2――この、一ページに満たない記事は今ではこの方面で基本的な文献になっている。「アンモニア菌」が、Ainsworth & Bisby's Dictionary of the Fungi, 7th Edn（菌類辞典第七版）に採録されるのも後押ししたと思う。
発表当時、この記事を読んだ一イギリス人から手紙を頂戴した。それには、昔イギリスにおいて、医学生が解剖のための死体がほしくて墓をあばき、そのため死刑になったと書かれていた。私がきのこを追って天真爛漫に墓をあばくのではないかと危惧しての親切な警告と受け止めた。人の墓をあばいたことはないが、土葬が行なわれている地（国内）を見に行ったことはある。しかしそこは、きのこが生えるような環境ではなかった。ただ、「埋め墓」と「祀り墓」（「埋め墓」はじっさいに死体を埋めたところ、「祀り墓」は祭礼を行なう（拝む）ための石碑の墓）が別になっているのは興味深かった。

6章　廃巣ときのこ

1――昆虫の生活の後始末

(1) クロスズメバチの巣跡とアンモニア菌

地中に営巣するクロスズメバチ類（*Vespula*）は、地方により、ジバチ、スガレ、ヘボなどと呼ばれる（図40）。読者の中にも、その季節になるとこのハチを追って山野をかけめぐる方もおられるかもしれない。巣の中の幼虫が美味で貴重な蛋白源となるため、ヘボ取り（スガレ追い）は昔から田舎の人々のひそかな愉しみだった。とくに中部日本で盛んだった。しかし幼虫が高値で取引されるようになってから、「ヘボで新車に替えた」と言われるような人も出てくる。遠方まで出かけて採り荒らすため、「他府県の車は入れるな」というような騒動もあると聞く。

このように追い求められるクロスズメバチ類の巣であるが、採られずに残った巣が営巣を全うして朽

図40　クロスズメバチ（成虫、V）とその巣
左：いも虫をかじって肉だんごをつくっている。矢印はアリ
右：巣がごく若い時期に山から人工空間（箱）に移し、営巣を全うさせたもの。巣の横径21 ～ 23cm（西尾亮平氏保育）

ち果てたあと、そこに特有のきのこが生えることは誰にも気づかれなかった（口絵3）。

a　空の穴洞

一九七八年一〇月、京都の大文字山での菌類採集会で、再びアンモニア菌のアシナガヌメリが採集された。このときも、当然ながら採集者はことの重大性をご存じなかった。同定のために並べられているのに私が目を留めたのである。しかし採取場所を覚えていてくださったのはありがたかった。

地中にモグラの巣があるものと思って発掘したところ、ちょうどその巣が納まりそうな空洞のみ存在した。何の穴かわからなかったが、その底に排泄物様のものがたまって、それが原因できのこが生えたことだけはわかった。底は石が敷きつめられたようになっていて、いかにも「住み処」らしく見え、同行者のひとりはしきりに感心していた。

何の住み処であるかを判断するため、持ち帰った洞底の土を調べると、モグラの毛は見つからず、代わりにハチのこわれた外殻が多数見つかった。しかしそれは、ほかの動物にい

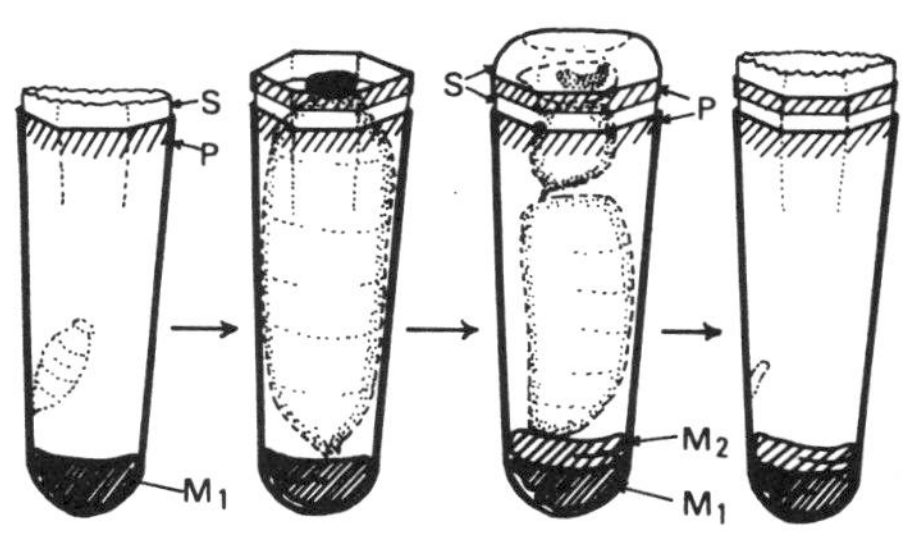

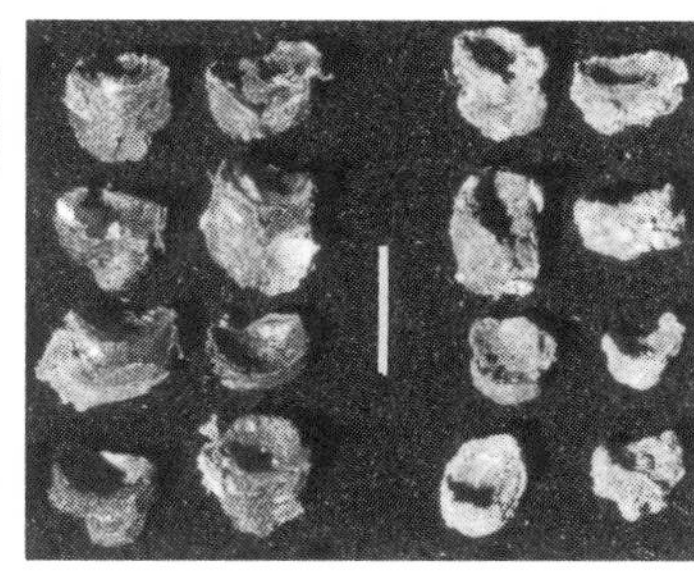

図41　スズメバチ類の発育経過と幼虫の糞塊
左：育室（育房）で幼虫がくりかえし育てられ、蛹化した回数だけ糞塊（M_1、M_2、…）が育室の天井にくっつけられる。S：繭、P：パルプ（じっさいの巣は図のさかさまに存在する）（山根・山根 1975[170]より）
右：左２列はクロスズメバチの巣から取り出した糞塊、右２列は地中の巣跡からひろい出した糞塊。白線は5mm[126]

ったん食べられて排泄されたものとも見え（それにしては外殻のこわれかたが少なかったけれど）、その穴洞につづいて坑道があったことやハチについて無知であったことなどから、けものの巣跡または仮寓跡の可能性にこだわった。

穴洞の主（ぬし）の同定は、一時は迷宮入りかと思われた。が、その前に解決しておくべきこととして、遺骸となったハチの種の同定と、もしそれを食う動物があるとすれば、それは何かという問題があった。そこでハチ学の奥谷禎一先生（神戸大学教授）をたずねたところ、

「ハチはクロスズメバチで、ほら穴はその巣跡ではないかね」

と言われた。

その線で検討してみると、状況や証拠がよく合ったので、それに間違いないと断定した[126]。その際とくに有力な根拠になったのは、ハチの幼虫の糞塊だった（図41右）。これは本来ハチの巣内にしか存在しないものであり（図

41左）、営巣空間に残るべきものである（松浦誠氏私信）。洞底の土を調べているとき、はじめは「黒っぽい有機物に富む」としか見えなかったその土の中に〈かたまり〉が存在し、それは特徴ある形と性質をもつ――必ず凹面があり、ピンセットでさわっていると二、三層にポロリと分かれる――ことに気がついた。一見「塵（ちり）」以上のなにものでもないそれが、図41左に示された糞塊と結びついたときの喜びは大きかった（「ポロリと分かれる」のは、この図のM_1、M_2、…である）。いったんわかればなんでもないことであるが、この巣跡の同定にも半年くらいかかった。

b　クロスズメバチの生活史ときのこ

身近なアシナガバチと同様に、スズメバチ類やクロスズメバチ類の巣はいかに大きくても一年かぎりのものである。春、一匹のメス（母バチ、女王）によってつくられたピンポン玉くらいの巣は、働きバチの誕生とともに拡展され、クロスズメバチ（*Vespula flaviceps lewisii*）では育房数が万を越えることもある。肉食性で、働きバチは肉団子（図40左）を幼虫に運ぶ。秋に生まれた新しいオスとメスは巣を離れて交尾し、メスのみ越冬して、オスは死ぬ。働きバチはもちろん死ぬ[88]。晩秋に営みの終わった巣は吸湿してすぐに分解過程にはいり、翌年秋にはそこにきのこが生えるのであろう。

ただし、クロスズメバチ類の巣跡があればどこでもきのこが生えるというわけではないはずだ。これまでの研究からみて、マツ科の林やブナ科の林では生えるが、スギ林、ヒノキ林、田畑の畔などでは生えないだろう（4章2節4項のf参照）。

なお、洞底に敷きつめられているように見えた小石は、働きバチが巣室をひろげるために土をくわえて運び出すとき、重すぎて残したものであった。また、穴洞につづく坑道は、ネズミかモグラのものであろう。女王バチが、はじめ一匹で巣づくりをするとき、使われなくなったネズミやモグラの坑道に巣をかけることが多いという。あるいは、分解中の巣に群がる虫を食うためにモグラ類がやってきた跡かもしれない。そして洞底から見つかったハチの死骸は、晩秋に営巣が終わるとき巣に残って死んだ一部の成虫のものであろう。[126]

その後、同様の例がさらに二つ京都で得られ、うち一例では貴重な写真がとれた（口絵3および図42の1・2）。また、オオスズメバチ（*Vespa mandarinia japonica*）に襲われて壊滅したクロスズメバチの巣の跡に、小さなナガエノスギタケダマシ（アンモニア菌）が生えたのも見た（図42の3）。

c　どこからアンモニアが？

アンモニア菌たるアシナガヌメリが、写真のように立派なきのことなるには、相当量のアンモニアが巣室（洞）の底の土に与えられなければならない。それはクロスズメバチの生活のどこから出るのだろうか。

私はハチ学の一年生だった。きのことモグラの問題でも多くの方々に迷惑をかけたがここでもまたハチの専門家にたいへんお世話になった。奥谷先生にはじまり、山根爽一氏、西尾亮平氏、松浦誠氏、足立純一氏、山根正気（せいき）氏。私は中年になってもまだ他人様の世話になりつづけたのである。

まず、クロスズメバチはどこで排泄するか？　幼虫は不消化物を腹にためていて、蛹化の直前にいっきょに押し出す。それは育房の天井に圧しつけられ、塊となって巣内に残る（図41左）。成虫は巣を離れた外界で排泄するか、または巣内で排泄されたものは原則として働きバチが外界へ運び出して捨てる。

不健全な幼虫や死体なども外界に捨てられる。したがって、少なくとも営巣が盛んな時期は、巣室の底は清潔である。巣の末期、新女王やオスの数がふえてその排泄物を働きバチが外へ搬出しきれないとき、若干の汚物が巣室の底に落ちるかもしれない（以上、松浦氏私信）。その他のアンモニア源としては、晩秋に営巣が終わるとき巣内に残って死んだ働きバチの遺体がありうる。

次に巣そのものについてみよう。巣は外被と複数の巣盤とから成る。いずれも素材は朽木をかじり取ったもので（パルプと呼ぶ）、それを唾液でこねて接着させる[88]。したがって、そこには若干の蛋白質（窒素）が含まれる。幼虫が蛹になるとき繭をつくるが、それは育房の壁も覆う。繭はほとんど純粋な硬蛋白質である。さらに幼虫の脱皮殻が育房天井の糞塊のあいだに残る。

きのことの関係で問題になるのは、営巣中に巣室の底に汚物が投下されることがないとすれば、営巣終了時における巣の構成分である。それは外被・ハチのいなくなった巣盤・巣に残って死んだ働きバチ成虫である。巣盤はさらにこまかくみると、繭つきの育房本体（壁と小さい天井）・幼虫の糞塊・脱皮殻から成る。これらのどこから多量のアンモニアが出るのだ

図42　クロスズメバチの巣の分解跡に生じたきのこ[130]
自然条件下（左１〜３）と実験下（右４〜６）におけるきのこの発生。各段左右（1と4、2と5、3と6）を見比べよ
1：地表の穴に傘をのぞかせたアシナガヌメリ。**2**：その場所の土壌断面（空洞は巣室）。ものさしの太目盛は10cm。**3**：オオスズメバチに襲われて壊滅した巣の跡に生えたナガエノスギタケダマシ。**4**：巣を人工的に埋め、煙突状に小穴をあけておいたところ、そこから傘を出したアシナガヌメリ。**5**：その場所の土壌断面（水切りを人工の巣室の天井に用い、その天井にも穴をあけておいた）。**6**：4・5と同様の実験で生えたナガエノスギタケダマシ

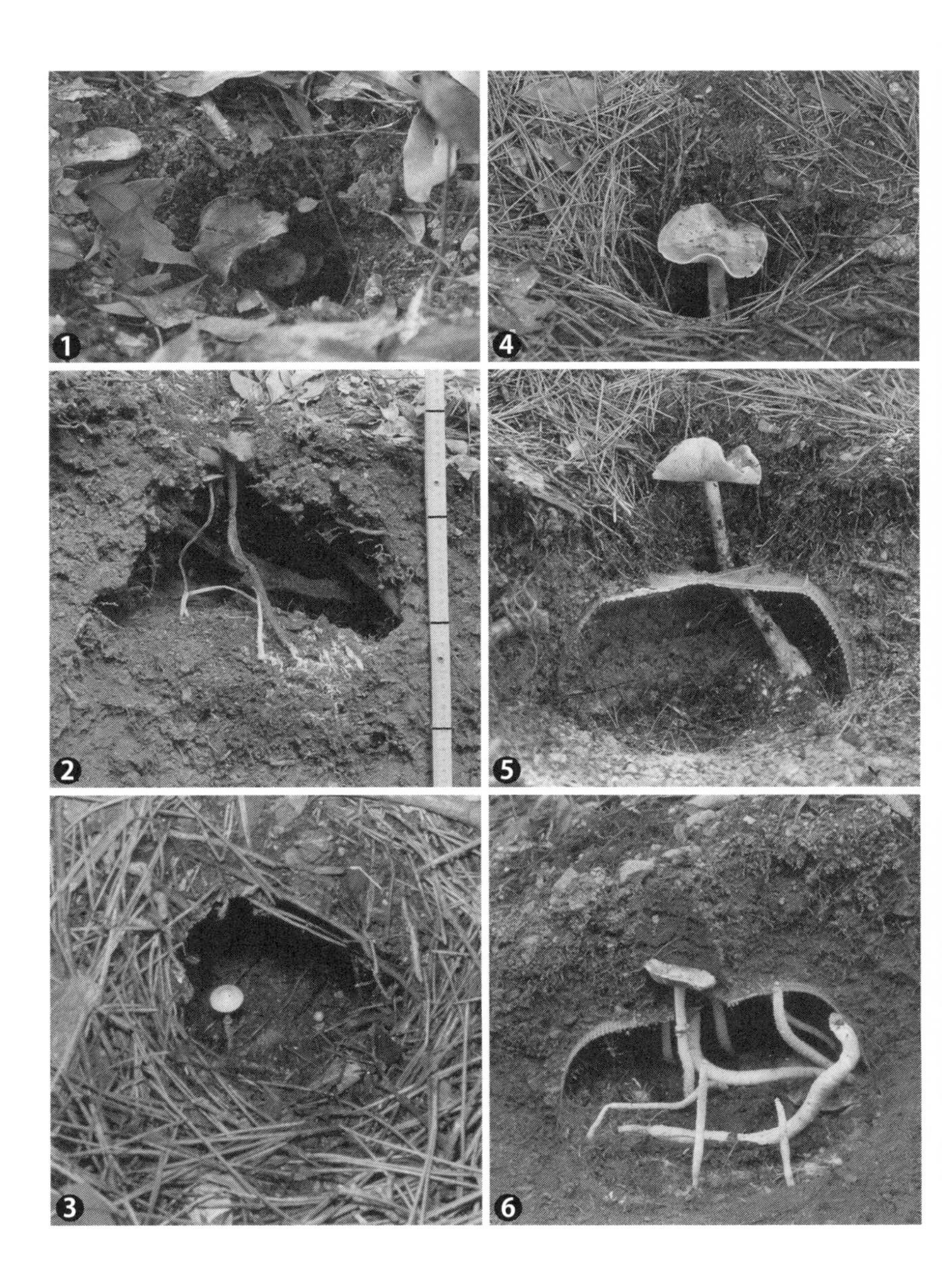

ろうか。

d　巣を腐らせてみる――人工の巣跡

いま書いたことを考えながら、クロスズメバチ類の空の巣（営巣末期の、ハチを取りのぞいた巣）を土に与えてきのこの発生をみる実験を行なった。すなわち、野外では、巣を丸ごと埋めたり、巣盤のみを埋めたり、成虫の死体を埋めたり、保育した際の巣箱の底土（図40右参照）を埋めたりした。また室内では、巣を、外被・繭付き巣盤・繭無し（未営繭）巣盤・繭・糞塊に区分して、山から持ち帰った落葉堆の上に置いて腐らせてみた。

これらの実験から、ひとつ分の巣の巣盤を埋めれば充分きのこが生えること（図42の4～6）、糞塊からいちじるしくアンモニアが発生すること、成虫死体や未営繭巣盤（最下段の巣盤）にもアンモニア菌が生えること（多少のアンモニアは出ること）、外被はアンモニア源としてほとんど問題にならないこと、などがわかった。「未営繭巣盤」は、営巣を完了した巣には存在しないから、今は考慮からはずしてよい。繭と幼虫の脱皮殻はともに微量で分解もおそく、たいしたアンモニア源にはなりえないだろう。成虫の死体は、アンモニア源にはなりうるとしても、きのこ発生の主因にはなりえないだろう。なぜなら巣ごとにその数は不定で、絶対量としても小さい。

e　巣の化学分析と糞塊説の実証

巣盤ないしその中に残る幼虫の糞塊が主たるアンモニア源らしいことはわかった。私にはわかったがしかし、これを他人様に納得させるのはむずかしいように思えた。哺乳類の排泄物や死体からアンモニアが出ることは、あらためて資料を添えなくても納得してもらえる。しかしあの、紙のようなハチの巣からアンモニアが出ることを納得してもらえるだろうか。また私自身

表５　クロスズメバチの巣における窒素化合物の組成（窒素量をグラムで示す）[130]

	蛋白	アミノ酸	アンモニア	尿酸	アラントイン	（その他）	全窒素
外被	0.46	0.05	0.17	0.10	0.03	（0.59）	1.40
育房壁	0.69	0.18	0.42	0.05	0.01	（2.07）	3.42
糞塊	2.16	0.82	0.97	4.65	0.46	（5.61）*	14.67
１巣全体	3.31	1.05	1.56	4.80	0.50	（8.27）	19.49

* 肉だんごとして給餌され、消化されずに排泄された節足動物外殻のキチンがこの値の大部分を占める

においても、幼虫の糞塊に一抹の不審を抱いていた。さきにふれたように営巣終了後一年を経てもなお土中に形が残っているにもかかわらず、アンモニア源になりうるのだろうかという疑問である。

そこで、アシナガバチ類、スズメバチ類など近縁のものも含めて、排泄物の内容に関する文献を調べたが見当たらなかった。私がかかわるどの場合でもそうなのだが、既存の動物学の中に私のほしい情報はほとんどなかった。死体や比較的よく研究されていると思われる生物群についてもそうなのだ。死体や排泄物のことは、生物学ではないらしい。やはり「分解過程の論理」または「無機化と不動化の論理」（５章1節1項のd）でしか問題にされない、「その後」の世界らしい。したがって、私の力の大半は菌類学以外のことに費やされ、動物学にも深入りせざるをえなくなる。

やむをえず、巣の化学分析をすることになった。じつはこの研究の初期、奥谷先生から示唆されていたことではあった。分析は北本豊氏（鳥取大学）にお願いした。巣を外被・育房壁・糞塊に仕分けして、それぞれにどのような形の窒素がどれだけ含まれているかを測定した。その結果（表5）、巣に存在する窒素の大半は糞塊に含まれていること、中でも尿酸が主たるアンモニア源になること、などがわかった。そしてその分析値は、それまでに行な

図43
尿酸の埋め込みによって発生したきのこ
矢じり印はアシナガヌメリ、ほかはナガエノスギタケダマシ。矢印の黒い部分に落葉堆と尿酸とを混ぜて埋めた。ものさしの太目盛は10cm

ってきた化学物質施与実験（4章2節1項のａ）の結果とよく一致した。すなわち、巣洞の底に投下される窒素あるいは尿酸の量と、地表の実験区に施与したときアシナガヌメリやナガエノスギタケダマシの発生をもたらす窒素の量とが計算上よく合ったのである[130]。

一つひとつの糞塊は「塵（ちり）」以上のなにものでもないが、万を越す育室のそれぞれが積もれば「山」となる。それはきのこを発生させるに充分だったのだ。

幼虫の糞塊が地中でよく形を残すのは、成虫から幼虫に肉団子として給餌された虫体のうち、未消化で排泄された外殻破片（キチン質）が地中でも分解されがたいためであった。糞塊は顕微鏡で見ると、外殻破片の塊といってよいほどのもので（この点でモグラ類の糞に似ている）、その破片のあいだを埋めるように尿酸その他が含まれているのであろう。肉食性であることが、糞すなわち巣への窒素の集積を多くしているのかもしれない。

最後に、尿酸説を実証するため、尿酸を地中に埋めてみた。尿酸だけではうまくいかないようなので、現地の落葉堆を混ぜた。その結果、ナガエノスギタケダマシとアシナガヌメリが生えた（図43）。

「廃巣ときのこ」の題で語ってきたが、核心はやはり排泄物の問題だったわけである。クロスズメバチの巣跡にはじめて出会ってから七年が過ぎていた。

f 問題のひろがり

巣跡にきのこが生えるのが確認されたのは今のところクロスズメバチだけだが、クロスズメバチ属のほかの数種も、地中に同様の巣をつくる。[88] 実験では、シダクロスズメバチ（*Vespula shidai*）の巣を埋めると同じきのこが生えた（未発表）。

スズメバチ属のオオスズメバチ、ヒメスズメバチ、モンスズメバチも地中に巣をつくる。[88] 京都の大文字山でのある菌類採集会のとき、参加者の一人が刺されたことによってオオスズメバチの巣が見つかった。なかなか見つかるものではないので、私は頬がゆるんで困った。巣跡のその後を観察したところ、翌年秋、巣口前の堆土に巨大なオオキツネタケが生えた。[197] この堆土は、ハチが巣室拡張のため運び出したもので、オオスズメバチの場合、そこには排泄物、食べかす、幼虫死体などが含まれる。[87] だからアンモニア菌としてのオオキツネタケの発生は納得できる。巣跡そのものは、きのこが生えないうちに（?）、流土に埋まってしまった。

松浦氏や西尾氏からオオスズメバチの巣を頂戴して、何か所かに埋めたら、一か所でアカヒダワカフサタケが生えた（未発表）。もっといろいろ生えてよさそうに思うが生えなかった。これも何かわけがあるのだろう。

松浦氏は、これらのほかに留意すべきハチとして、マルハナバチ類、キンモウアナバチなどを挙げている（私信）。

目を海外に転じると、ヨーロッパにもクロスズメバチのなかまがいる。アシナガヌメリもいる。というより研究史から言えば、あちらのほうがはるかに古い。それにもかかわらず、この特異な現象がヨーロッパでさきに知られなかったのだろうか。もし気づいた人がいるとすれば、ファーブルだったかもしれない。彼はきのこに関する研究で学位をとろうとしたほどの菌学者でもあった。彼はどこまで観察したただろうか。

私はおそるおそる『昆虫記』[36]を読んだ。キオビクロスズメバチ（日本では高地や北海道にいる）の生活についてくわしい観察がなされているが、きのこのことは書かれていなかった。安堵するとともに、この点でやっとファーブルをしのぐことができたのかもしれないと思った。しかしさすがにファーブルだと思う。秋に営巣が終わると、すぐに巣は分解過程にはいり、翌春には痕跡しか残っていないところまで観察しているのである。そして何よりも、すばらしい言葉を残していた。

「廃墟そのものもなくならねばならぬ」

(2) ヤマアリの廃巣とカラカサタケモドキ[196]

a ダービーシャーの造林地にて

一九八六年三月から七か月あまりイギリスのシェフィールド大

学に滞在した。着くとすぐ、受け入れ者のクック氏（R. C. Cooke）とライオン氏（A. J. E. Lyon）から、「ヤマアリの巣にカラカサタケモドキが生えるのを調べてみては？」と言われた。Wood antsと呼ばれるアカヤマアリのなかまは、落葉落枝を集めてまんじゅう型の大きな巣をつくる（図44左）。カラカサタケモドキ（*Chlorophyllum rhacodes*）はふつうのところにも生えるが、その巣の上にとくによく生える。イギリスの一部の菌学者はこのことを知ってはいるが未だまったく報告されていないという。私のために用意しておいてくれた課題だった。わずか一シーズンの滞在ではたいして深くは迫れないし、そもそも当年もきのこが生えるかどうかわからなかったが、ともかくやってみることにした。

現場はイギリス中部ダービーシャー（州）の一角で、谷に沿った幅のせまいトウヒの造林地とそれに接して斜面にひろがるカラマツの造林地であった。とくに谷の岸辺に巣が多かった。アリの種類は寒冷地型のフォルミカ・ルグブリス（*Formica lugubris*）で、イギリスでもすこし南方にはフォルミカ・ルファ（*Formica rufa*）がいる。巣は大きいものは径二メートル、高さ一メートルほどもある。日本にも同類のエゾアカヤマアリがいて、同じような巣をつくる。大量の落葉落枝を集めるので、周囲はほうきで掃いたようにきれいになっている。巣内には細い迷路状の通路があるのみで、それ以上の特別の構造はない。

b　きのこの発生と菌糸層

三月二〇日、まだ寒く、アリの動きはにぶかった。六月一二日、ワラビの季節、アリは活発で、羽アリもみられた。アリの忌避剤を足や手に噴霧して巣に接近する。前年の

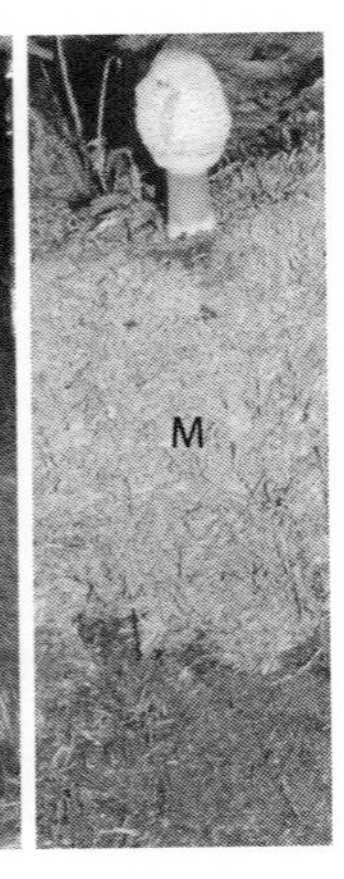

図44　ヤマアリの巣とカラカサタケモドキ
左：左手の巣は現在活動中で（頂部の黒色はアリ集団）、右手の廃巣にきのこが生えている
右：きのこが生えている古巣の断面をみると白く厚い菌糸層（M）がある

きのこの残骸が、いくつかの古い巣の上に残っているのに気づいた。それらの巣ではアリは活動していなかった。

　八月初めカラカサタケモドキが発生を開始、同月中旬に最盛期となり（図44左）、それを過ぎたあとも九月中旬まで発生した。やはり放棄された古巣にのみ発生した。古巣の上に新しい巣が構築された場合は、下半部の古い部分に発生した。また、モリハラタケ（*Agaricus silvaticus*）が生えた巣もあったが、それはとくに古いようだった。巣以外の場所では両菌とも見つからなかった。カラマツ林では古巣もあまりなく、これらのきのこの発生はみられなかった。

　カラカサタケモドキの生えている古巣を掘ってみると、白く厚い菌糸層がみられた（図44右）。菌糸は、巣材やそこに混じるイネ科の枯葉に白色腐朽を起こしているようだった。またそこに伸びている根はよく分岐していて、一見、菌根様であった。繋った根は菌にむさぼり食われているようでもあった。カラカサタケモドキは本来腐生的なのであろうが、根の存在は都合がよいようにみえた。根のほうも、菌の存在下でよく伸びた可能性もある。腐生菌と根との関係においてしばしばみられることだ。

のちにアメリカ、オレゴン州の牧場で、ナラの木の下に生じたカラカサタケモドキの巨大な妖精の輪(フェアリー・リング)(fairy ring、菌輪)に遭遇した。

「これが同じ菌のやることか⁉」

と思ったが、地中の様子はよく似ていて、マツタケのシロのような厚い菌糸層があり、そこでは草の根がよく伸び、かつ菌糸にまとわりつかれて養分をしゃぶり取られているようにみえた。

一〇月一九日、イギリスを去る前日、調査地に最後の訪問をした。前夜来、冷たい雨あらしとなり、かなり降ったあとだった。アリの活性はきわめて低かったので咬まれる心配はないとみて、活動中の巣のひとつをこわしてみた。アリたちは巣の中心部の底に近いところに多くいた。発酵中の堆肥でみられるような湯気は巣から立ちのぼってはいなかったが、雨は内部に浸透せず、よく乾いていた。カラカサタケモドキ菌糸の増殖はみられなかった。

c　なぜ廃巣を好むか

カラカサタケモドキはなぜアリの廃巣に特異的に生えるのだろうか。単刀直入に説明することはできないが、からめ手の情報から、理解の筋道はみえてくるように思う。

イギリスを出たあと、オーストリア、スイス、チェコスロバキア、フィンランド、カナダ、アメリカと旅行しながら、ヤマアリの巣とカラカサタケモドキについて情報を集めた。そのいずれの地においても同様の巣は存在したけれども、私が会った菌学者のほとんどが、そこにカラカサタケモドキが生えることを知らなかった。ただフィンランドのオエノヤ氏（E. Ohenoja）は知っていた。スイスでもそういうことがあるらしいとのちに知った（村上康明氏私信）。カラカサタケモドキはほとんど全世界に分布しているが、どうやらこの現象は北方寒冷地のものらしい。シベリヤ北部やアラスカなどの情報がほしいところである。日本のエゾアカヤマアリの巣にはきのこが生えるだろうか。なおさきに、「まったく報告されていない」と書いた（聞いた）が、帰国後調べたところ、いくつかの簡単な記述が見つかった。しかし、「廃巣」に生えると明記したものはまだみていない。

ところで、このきのこはヤマアリの廃巣以外ではどのようなところに生えるのだろうか。文献をみるとほとんどあらゆる場所が記録されているが、その中から目立つ言葉や意味ありげにみえる言葉を拾ってみると、「牧場」「針葉樹林」「肥えた土」「堆肥」「木材砕片を木の根元に施したところ」などがある。

ここまできて思い起こすのは、日本におけるイカタケの発生状況である。この菌は熱帯性のものと言われているが、北方の日本でもイネのモミがらを地面に捨てると、その上に大量に発生する[24,33]。生薬を抽出したあとの木屑を捨てておいたところにも生える[52]。一九六〇年ころまでは日本では三例しか記録のない「珍菌」だったが、モミがらが焼かずに捨てられるようになって、今ではすこしも「珍菌」ではなくなった。カラカサタケモドキの場合もこれと同様で、堆積した植物遺体とそこに混じるアリの生活廃物による一種の堆肥化が、菌を選び、また菌に選ばれるのであろう。シロアリやハキリアリの巣においてみられたような共生的な側面はここにはないようだ。

2——坑道ときのこ

(1)「トンネル効果」

アンモニア菌としてのオオキツネタケはさきに紹介したけれども、この菌はさらにいろいろな顔をみせる。苛性ソーダ、消石灰、アミルアルコールなどを実験的に施与した林地区画に発生するほか、焚き火跡、ブルドーザーが土をけずって積みあげた山道堤、人が踏み荒らした山道、などにも発生する。いろいろな攪乱のあと、半年またはそれ以上経ってから現われるので、「攪乱の後始末屋」のようにみえる[116]。

「もぐらのせっちんたけ」(4章2節4項)の研究の途上で、オオキツネタケがモグラやネズミの地表に近い坑道上にしばしば発生することに気づいた(図45左)。深いところではヒミズの坑道から発生した例もあった(図45中)。これらでは排泄物が原因とはみえなかった。さらに、縦に細く深い穴から発生した例も見つかり、これはセミの穴(羽化して出たあとの巣跡)とわかった(図45右)[121]。読者諸兄がオオキツネタケをなにげなく採ったとき、ほとんど抵抗なくスポッと抜きとれてかつ柄が長かったら、たいていセミの穴に生えていたものだ。穴の口は落ち葉に隠れている。

この場合、その周辺の、セミの穴のないところにもオオキツネタケが生えていたが、偶然にセミの穴から発生したとも言えないようだった。その一帯にはセミの穴が多数あったから、そこのオオキツネタ

図45　動物の坑道に生えたオオキツネタケ
左：ネズミの坑道ときのこ（未発表）
中：ヒミズの坑道（矢印）ときのこ
右：セミの穴（羽化して出た跡）ときのこ[121]

ケの一群全体がその影響を受けたとみることもできた。穴をとりまく土中には菌糸がびっしり増殖して土をかためていた。

増殖の原因は、まず、窒素含量の高いセミの排泄物ではないかと考えた。しかし、もしそうなら、樹木の細根も穴の周囲に繁るはずであるが、それはなかった。もちろん菌根もなかった。次に、樹液を考えた。「（セミが）いったん吸いあげた樹液が、壁の土どめに使われる」[48]とのことだから、これは考慮に入れる必要があろう。または、セミの吸い口から樹液があふれ出るというようなことはないだろうか。それは、アミルアルコール施与によって発生したという前記の事実とつながらないだろうか。つまり、そこで樹液が発酵してアミルアルコールを生じたという見方である。

これらはしかし、まったく見当ちがいであって菌糸増殖の原因はセミ以外にあるのかもしれない。そして、きのこになる段階で、セミの〈穴〉そのものが意味をもつのかもしれない。その場合は穴の壁は大気と接した地表の延長ということになろうか。上記の小型哺乳類の坑道（この場合は廃坑とは断定できていない）からの発生と一連の現象としてとらえるべきものかもしれない。きのこの菌床栽培における「菌掻き」（菌床に菌糸が蔓延したのち、種菌から時には菌床の一部までかき取ると子実体原基が良好に形成され、収量がよくなる現象）の効果にも似ているが、私はひとまずこれらを「トンネル効果」と言っている。[121]

類似の事象三題。予備的な観察ではあるが、ハイイロオニタケ（*Amanita japonica*）は地中深所に菌根をつくり、菌糸束で伸び上がって、地表近くのモグラかネズミの坑道を足がかりにして子実体をつくるようだ（吉見・本多・黒柳・相良、未発表）。スリコギタケ（*Clavariadelphus pistillaris*）はネズミ（モグラ?）の坑道壁からしばしば生える。[173] チェコスロバキアのスヴルツェク氏（M. Svrček）によれば、ネズミの坑道中の樹木細根に二種の無弁子嚢（inoperculate）盤菌類、*Hyaloscypha reticulata* と *Hymenoscyphus radicicolus* が生える（談）。

7章　生態系における動物ときのこ

1――生きとし生けるもの

北海道の森林害獣として名高いエゾヤチネズミをめぐって、哺乳類学者の今泉吉典氏はかつて次のように書いている。

「……このように大害をこうむっているにもかかわらず、ヤチネズミやハタネズミ、あるいはモリネズミ類が種子を食べたり、たくわえたり、新芽や樹皮を食べることによって、森林がどのていどの影響を受けているかを推測することはきわめてむずかしい。彼らと森林とは長いあいだいっしょに発達してきたし、害をあたえるのは、両者の関係をつくる多くの要因のうちのほんの一部にすぎない。これらの相互作用のすべての要因をあげるなら、おそらく両者は相互に利益をあたえあっているという結論にたっするであろう。……」(58)

アメリカ西部オレゴン州コーバリスの林業試験場では、今（注：一九八六年当時）この結論へ向けて積極的な研究が行なわれている。そこで基礎となったのは菌根学であり、菌根学者（菌学者）、哺乳類学者、細菌学者などが連携して実証的な研究を行なっている。欧米では、菌根が形成されなければ木がうまく育たないという堅い信念がほとんどできあがっているが、そこにきのこを食べる動物もかかわっているという構図である。したがって、菌根については別書でくわしく解説されるが、ここでもひとこと説明しなければならない。（補記1）

(1) 生態学の基礎としての菌根学

マツタケをはじめ、林内地表でみかけるきのこの相当部分は、生きている木の根と共生している。さらに、ショウロやセイヨウショウロなど、地表下できのこになるものの多くも同様である。共生の実態を写真で見ていただこう（図46）。末端細根の側根は、菌がついていないときは左上のような姿をしていて、植物形態学の教科書どおり根毛がある。しかしこのような根は自然条件下ではほとんど実在せず、たとえば右上のような姿をしている。これは「外生菌根」または「外菌根」と言われるものである。すなわち棍棒かすりこぎが二叉分岐したような外観を呈し、表面は菌糸で覆われつくされていて根毛がない。このような分岐が重なり、また分岐した根が集合するとサンゴのような姿を呈する。

そのような根を横断してみると（右下）、菌糸の層が外套のように根をつつんでいて、「菌鞘」または「菌套」と言われる構造になっている。その菌糸は土壌中に伸びていて、根毛のかわりのような物質吸

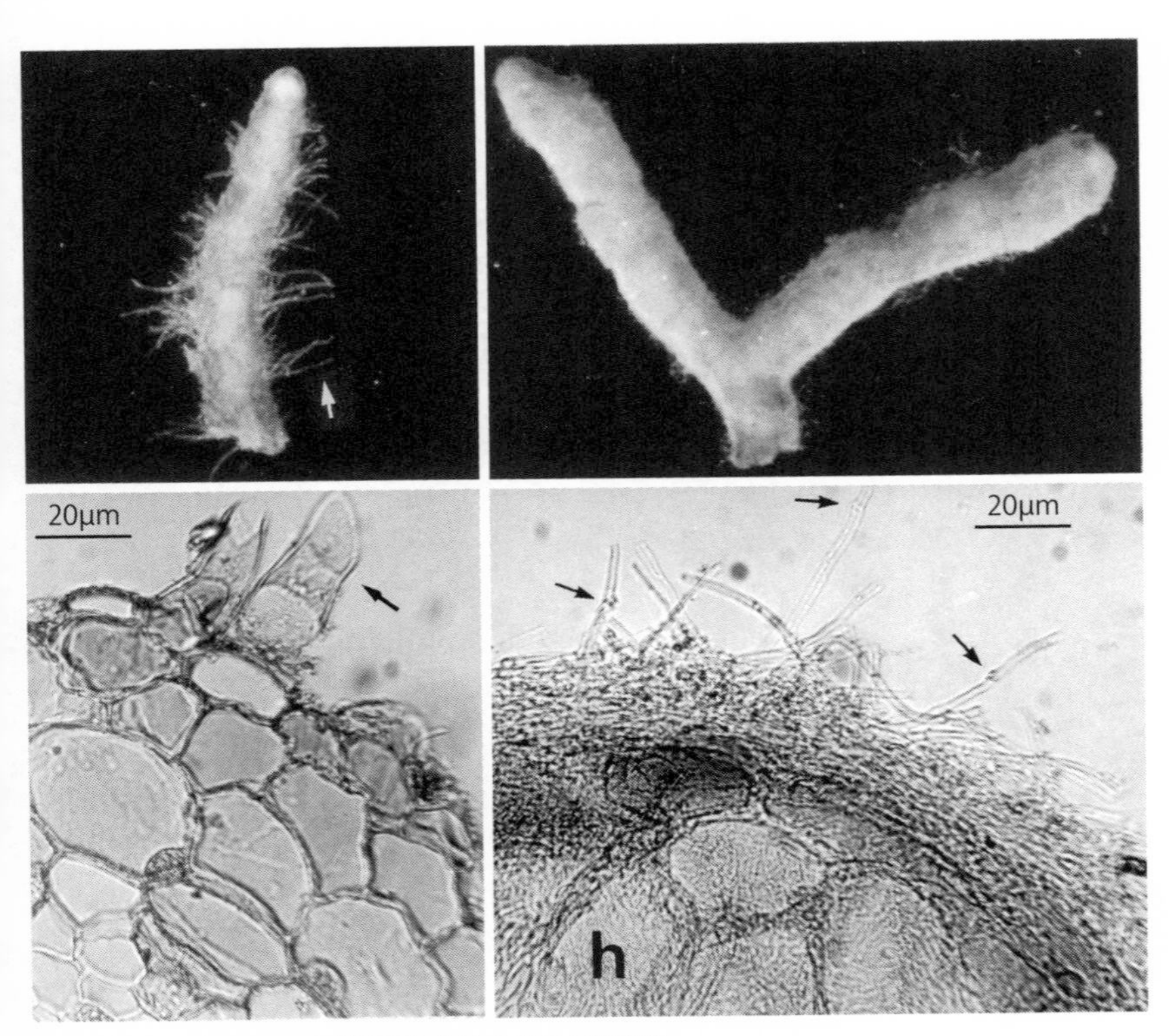

図46　クロマツの末端細根における側根の菌根化

左上：菌がついていない根。実長約 2mm 。矢印は根毛

左下：その根の横断面。矢印は根毛

右上：菌が共生して菌根化した根。実長約 3mm

右下：その根の横断面。矢印は菌糸のクランプ・コネクション。h はハルティヒ・ネット

収の働きをする。菌糸にクランプ・コネクション（かすがい連結）があれば担子菌であることがわかる。根の皮層細胞の部分がモヤモヤと網状に見えるのは、細胞間隔まで菌糸が侵入して、根の細胞をしっかりととりまいているからである（この構造を「ハルティヒ・ネット」と言う）。菌がついていない根の横断面（左下）がスカッと透明なのと対照的であろう。根の細胞と菌糸とのこのような濃密な接触によって物質のやりとりが行なわれる。すなわち、木からは光合成産物が菌へ流れ、菌からは窒素その他の、無機物、水分、生長調節物質などが根へ送られる。菌根形成によって、根が病害や乾燥から守られるという面もある。

ここでとくにふれておきたいのは、「菌根菌」（菌根を形成して生活する菌）も腐生的な性質をもつことであり[28]、「腐生菌」（死物について生活する菌）もときによく根と共存することである。例を挙げれば、菌根菌と言われるオオキツネタケが菌根なしに発生することもあり（6章2節1項）、自然でも培養下でも菌根を形成するアシナガヌメリ（4章2節4項）が同じく培養下で菌根なしに比較的容易に子実体をつくる。植物と菌との絶対（obligate）依存的な面ばかりでなく任意（facultative）依存的な面にも充分目を向けないと、健全な菌根学にならない。むしろ任意依存的な生活のほうがふつうなのではなかろうか。

余談ながら、欧米を旅行して印象的だったのは菌根学者または菌根にかかわっている人の多さである。少なくとも、菌根の知識はたいへんよく普及しているし、関心も高い。出会う学者の多くが、頭をたたくと「キンコン」と音がする、と言いたくなるくらいであった。林業上、農業上も菌根が重視され、研究費が流れやすいという事情もあるらしい。しかしいかに菌根が大切でも、学界の状況としてあのように一方を向くとすこしみっともない。経常研究費がおさえられ、申請と審査による研究費配分が幅をきかせるとあのようになるのだろう。ひるがえって日本では、「キンコン」はおろか、「キン」すらめったに聞けない。

さて、オレゴンの研究は、動物学者メイザー氏（C. Maser）と菌根学者・菌学者トラッペ氏（J. M. Trappe）（地下生菌の専門家）の出会いにはじまった。メイザー氏は、自分が撃ったダグラスリスの口の中にショウロがあったことを話した。トラッペ氏は、小型哺乳類がショウロ類を掘りだして食べることとは知っていたが、動物の食餌の中でどれほど重要であるか、また食べられた胞子はどうなるのか知らなかった。彼はそれらを知りたく思い、メイザー氏もまた同様であった。こうして共同研究がはじまった[15]。

(2) 木・きのこ・けもの＋細菌の四者関係

研究の初期、二つの基礎的な疑問に答えが出た。ひとつは、動物に食べられたショウロ類の胞子は発芽できるまでに充分成熟していたかどうかであり、いまひとつは、胞子は消化管を通過したあとも生きているかどうかであった。答えはともに「イエス」であった。実験室で、動物に食べさせたショウロ類の胞子は消化管を通りぬけ、発芽し、木の苗と菌根を形成した。さらに基礎的なことであるが、地下生菌の伝播方法としては、小型哺乳類による運搬しか考えられない[15]。

この本のはじめのほうで紹介したオオアメリカモモンガの菌食（1章1節2項）およびカリフォルニアヤチネズミの菌食（1章1節3項）は、この研究の延長上のものであった。いまオオアメリカモモンガの菌食について、まとめの部分を引用して補足としよう。

「菌根菌は、生態系における養分の循環、生産力、および植物遷移に対して決定的な役割を演じている。彼ら（菌根菌の子実体）はこの調査域においてモモンガの第一の食料源であり、充分に頼りうる基礎的栄養を提供している。モモンガは子実体から栄養分を抽出し、生きた胞子、窒素固定細菌、酵母および発育因子（ビタミンなど）を糞粒の中に濃縮する。彼らが森林内を移動する際、糞とともに胞子を分散する。条件が整えば、胞子は発芽して新たなコロニー（菌根）を形成するか、あるいは既存の菌糸体に新たな遺伝物質を付与する」[81]

右の引用の中に窒素固定細菌が登場したが、じつはこの研究には細菌学者の協力もあった。李（リ）氏らは、菌根菌の子実体中に窒素固定細菌が存在することを見出した。そこで、齧歯類がそれらきのこを食べることによって窒素固定細菌をもまた散布しているかどうかを知るため排泄物を調べたところ、活力のある窒素固定細菌が見出された。その培養には糞の抽出物が有効であった。これらのことから、森林の窒素収支にも動物がかかわっており、小型哺乳類・菌根菌・樹木三者の共生の鎖にもうひとつ、細菌の糸がからんでいるかもしれないとしている[71]。

木ときのこのとけものの結びつきについては、このほかにいくつも例がある。トラッペとメイザー氏の記事から二例を紹介しよう。[152]

ウッドラット（*Neotoma*）の一種の巣の近くには地下生菌がたくさんきのこをつくる。彼らが巣のまわりに集積する朽木やごみがその菌の生育に理想的な条件をつくりだすらしいと言われていた。それはそれで正しいかもしれないが、それらの菌は菌根性であって、ウッドラットはそのきのこを食い、巣のまわりで排泄することが今ではわかっている。菌根性の木の根が巣のまわりに伸びるとき、あるいは雨が胞子を土の中に洗い込むとき、新しい根はいろいろな密度の胞子と出会う。

シマリスの一種 *Eutamias townsendii* は針葉樹の種子を食べるので、森林の再生に害をおよぼすと見なされてきた。しかし、このリスは地下生菌をも同様によく食べる。オレゴン州西部の森林地帯にひろく住んでいて、老齢林から皆伐域にやってくる。皆伐後の初期、シマリスは菌根菌の胞子を老齢木のあるところから皆伐域に運ぶ。遷移が進んで植生が定着すると、覆い（隠れ処）とともに果実、種子、その他の食料（地下生きのこを含む）がシマリスに提供される。きのこについての好みと移動性とによって、このリスは地下生菌の胞子の、昼間における重要な伝播者になっている（モモンガは夜間における伝播者であった）。

1章1節4項で紹介したオーストラリアのフサオネズミカンガルーの菌食も、じつは、野火で焼失した植生の再生との関係でとらえられている。すなわち、この動物が食べる地下生菌メソフェリア（*Mesophellia*）は外生菌根菌である。食べられたきのこの胞子は消化管を通ることによって発芽の前処理を受けるらしい。その胞子が糞として播かれることによって稚樹との菌根形成の機会が増えるだろう。

それによって火災後の植生回復が促進されるはずだ、というものである。[70]

(3) 倒木もまた森林の一要素

1章1節3項で紹介したカリフォルニアヤチネズミについての研究が行なわれるまで、この地方ではこのネズミはまれであると考えられていた。わなでめったに捕れなかったのである。しかし、わなを碁盤目状に配置するのではなく、倒木の下にあるこのネズミの通路にそって置いたところよくかかり、じっさいにはふつうにいることがわかった。[15]

「このネズミは倒木を覆いとしてとくによく利用する。そして、きのこや地衣、とりわけショウロ類を好んで食べる。*Rhizopogon vinicolor* など、いくつかのショウロ類はほとんど朽木の中に子実体をつくり、そこで菌根を形成している。そのショウロ類の胞子は、それを食べる動物によって分散される。このようにして、ここには相互依存の堅い循環系ができている。すなわち、ネズミはショウロを餌として必要とし、ショウロは胞子の分散のためにネズミに依存し、さらにエネルギー源を菌根相手の木に依存している。木は養分吸収のために菌根菌を必要とし、ネズミが隠れ処として必要とする朽木を提供する。さらに、このネズミとショウロは朽木専門の住者であるから、そのネズミはそのショウロの胞子を、そのショウロ菌がよく繁殖するまさにその基物上に分散する」[79]

オレゴンのダグラスファー（トガサワラのなかまの針葉樹）の森林では、たいていウェスターン・ヘムロック（ツガのなかま）が混生している。後者は前者の倒木上に育つことが多い。倒木上で若木が育ち、やがて大成することを倒木更新といい、日本ではエゾマツやトウヒにおいてよく知られている。この倒木更新にも、小型哺乳類がかかわっているのではないかと取り沙汰されている。すなわち、倒木に惹かれる動物が、糞（肥料）とともに菌根菌の胞子を身のまわりに残し、それによって新しい幼木の根に菌根が形成されるのではないかというのである。[15]

これらもろもろのことから、長期にわたって健全な森林を維持しようとするとき、倒木を撤去するのはよくないことだと研究者たちは考えはじめている。[80] 彼らは今、

「倒木、それは生木の延長なり」

という共通課題のもとに、枯木や倒木が土に還るまでの過程を研究している。[79] そこには、前記の林業試験場のほかにいくつもの研究機関から多分野・多数の研究者が参加している。3章2節1項でも書いたように、「朽木の中のドラマもおもしろいはずだ」と京都の片すみでつぶやいていた私は、それを目のあたりにしてすこしうらやましく思うと同時に、自分の視点が間違っていなかったとも思った。ただ私の表現（講義における）はアメリカのものとちがって、

「枯木、それは土の前駆体なり」

であった。いずれにしても、太平洋をへだててそれぞれ独立に、死木をめぐって同じ構文で関心を寄せていたのである。

死木ないし朽木の大きな特徴は、炭-窒素比（炭素と窒素の含量比）が大きいことである。手っとり

早く言えば、窒素分が不足している。これが木の腐りをおそくしている主因であろう。腐るということは微生物が増殖するということであり、それは蛋白質が新たに合成されるということであり、さらにそれは窒素が必要であるということである。朽木中にふつうに住んでいる菌根菌に窒素固定細菌が随伴しているということは[80]、この観点から興味深い。朽木中の窒素を増加させ、炭-窒素比を下げる効果をもつ可能性があるからだ。さらに、私のコーバリス滞在中には、キクイムシ類の孔道に生える菌（次項）にも窒素固定細菌が随伴しているのではないかという研究が行なわれていた。

2――「菌態蛋白質」

ここでは、朽木や落葉落枝などの中の窒素のありようと動物との関係をみる。

(1) 菌食と「獲得消化酵素」

a アンブロシア＝美味なるもの

昆虫の菌食の節（2章1節）で書き残したことに、養菌穿孔虫（アンブロシア甲虫）のことがある。「栽培」される菌が「かび」と言われているものなのでそこではふれなかったが、「きのこ」と本質的にちがうわけではなく、ここで述べようとすることの出発点として概略を紹介しよう。死木の腐りとも関係している。

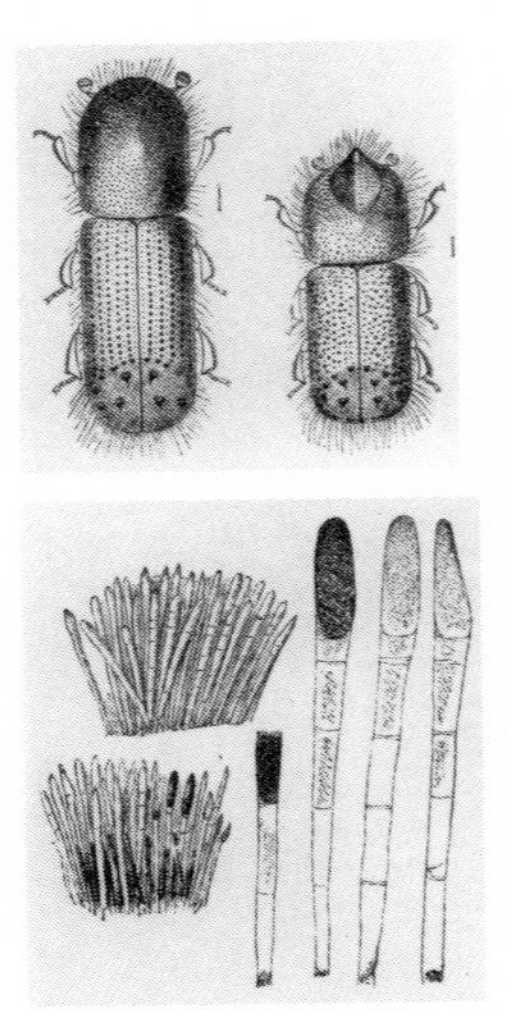

図47　養菌穿孔虫の１種 *Xyleborus celsus*（左上）と、そのアンブロシア菌（左下）、および孔道（右）（Hubbard 1896, 1897[53・54]より）

材に孔道を掘るキクイムシ類は、一見、木を食っているかと思われるが、じつは孔道壁に生えるかびの菌体を食っている（図47）。英語ではその菌を ambrosia fungi（アンブロシア菌）と言い、その虫を ambrosia beetles（アンブロシア甲虫）と言う。Ambrosia とは、ギリシャ・ローマ神話における「神の食物」、または「きわめて美味な物」のことである（研究社『新英和大辞典』一九六〇）。その甲虫はキクイムシ科、ナガキクイムシ科、ツツシンクイ科にわたっていておびただしい種類があり[14]、日本だけでも一〇〇種に達する[49]。他方、菌は、子嚢菌の不完全世代の姿をしているが、多形性をもつために分類は難渋している。虫の種類によって栽培される菌の種類が決まっているようにもみえるが、いま述べた分類の困難さのゆえに確かめるのがむずかしい[28]。

キクイムシ類の成虫（メス）は、体の一部に菌嚢（mycangium）と呼ばれる胞子貯蔵器官をもっている。彼らが孔道を掘り進むにつれてそこに菌が播かれる。孔道に菌糸がひろがるまで彼らは食物をとらないで、翅を動かす筋肉からエネルギーを得て生活している。[27] 孔道系のしかるべき場所に産みつけられた卵はやがて孵化し、幼虫とさらにその成虫はともに、孔道壁に繁殖した菌体を食う。そして、成虫がそこを離れるとき、菌嚢に菌を貯えて出る。[14] 孔道系は「食痕」ではなく、巣（居住空間）兼菌栽培室なのである。

このような、菌栽培を行なう昆虫のほかにも、菌食専門の虫たちがたくさんいることはすでに述べてきた。

b　材・菌混食

アンブロシア甲虫と同様に菌類貯蔵器官をもつものにキバチ類（wood wasps）がある。彼らはその器官の中に、担子菌類ベニタケ目（旧サルノコシカケ類）のウロコタケ属（*Stereum*）またはアミロステレウム属（*Amylostereum*）の菌の菌糸片または無性胞子をもっている。[14,146]

いま日本のニトベキバチ（*Sirex nitobei*）についてみよう。[64] メスはやや活力の落ちているマツの幹に産卵する。そのときアミロステレウム・アレオラートム（*Amylostereum areolatum*）の胞子とハチが分泌する粘質物とをいっしょに植えつける。樹内ではハチの分泌物によって材の変質が起こり、それを足がかりにアミロステレウム菌が優占的に繁殖し、マツは次第に枯れる。孵化したキバチ幼虫はアミロステレウム菌が繁殖した材を食って育つ。

このキバチの場合には菌体が幼虫の主要な食料源とは考えにくく、材が菌の体外酵素の働きで変性することによって消化可能になる、という見方があった[27]。しかし最近では、食べた菌体から得た酵素──「獲得消化酵素」[77]（2章1節5項のh）──が材の消化にたぶん役立っているとみられている[28]。この「獲得酵素」の概念は、自然理解の柱として大切だと思う。昆虫は自身では材を消化する酵素をもたないのである[28]。

自然界を見渡すと菌体のみを食う虫もあるが、植物体と菌体とをともに食うものがむしろ多く普遍的なのではなかろうか。多くのいわゆる「腐食動物」（detritivores）、すなわち腐った落葉落枝を消費する虫たちも、植物質とそこに生育している菌体をともに摂食する。たとえばワラジムシの一一月の消化管内容は、植物組織七三％、菌糸二〇％、動物組織五％、マツ花粉一％などであった[133]。この場合は、彼らのエネルギー源と、たぶんそれよりもっと重要な窒素・リンなどの栄養素は菌体から得ている可能性が高い。菌体は、植物遺体にもともと存在するよりはるかに高い濃度の栄養素を集積するのである[145]（2章1節4項のe参照）。しかしここでも、獲得酵素が働いて植物組織もある程度利用されているのかもしれない。

(2)「木」を食うのか「朽木」を食うのか

a　朽木を壊してみよう

京大のそばの吉田山へ行くと、いわゆる「マツ食い虫」[64]すなわちマツノマダラカミキリとマツノザイセンチュウとによって枯れたマツがある（注：一九八〇年代）。学生を連れ

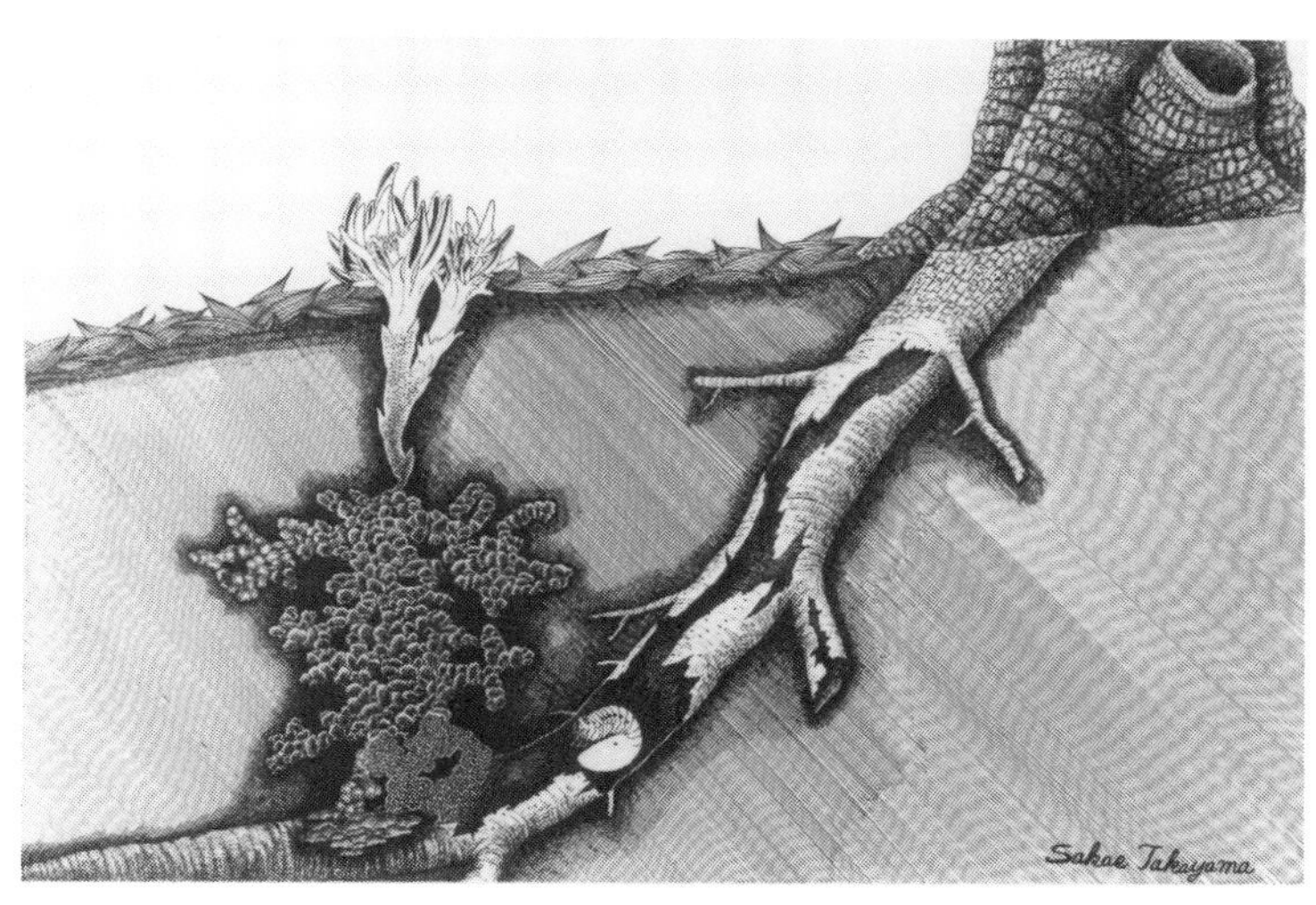

図48　クヌギの枯根から生えたミミブサタケとその枯根の中で育つクワガタムシ（高山栄氏画、日本菌学会ニュース 1988-1 所載）

て行くと、それらの朽木をすこしこわしてみる。するとシロアリがいたり、オオゴキブリがいたり、必ずなにがしかの虫が現われる。それらを見ながら、問いかける。

「君たちがよく知っているクワガタムシは、幼虫のときクヌギの朽木の中で育つが、〈木〉を食うのだろうか〈朽木〉を食うのだろうか。また、ごみ捨て場（朽木と土の混じったところ）などで育つカブトムシの幼虫は……？」（図48）

もし朽木を食べるとすれば、「朽木」とはなんだろう。それはおそらく、死木に、きのこ、かび、バクテリアなどの微生物や原生動物、もろもろの虫などが増殖した状態のものであろう。いま生きているものもあれば死体もあり、排泄物もある。もちろん、材は酵素の作用を受けて変質しており、たとえば、麹（こうじ）、どぶろく、あるいは、酵母を混ぜてふくらませた小麦粉（パンの前身）などにも似ている。地表に堆積している落葉落枝も同じようなものだろう[133]。

今、虫の生育に必要な窒素分について考えよう。死木にはもともと窒素が少ない。成熟した材の窒素含量は〇・〇三〜〇・一〇%、炭-窒素比では三五〇対一から五〇〇対一で、木の種類によっては一二五〇対一という微量である[29]。その分の窒素は、おそらく、最初に侵入した微生物によって利用しつくされるであろう。たとえばクワガタムシが育つころまで、はじめのままの形で窒素が残っているとは考えにくい。微生物や小動物の生体につくりなおされたり、それらの死体や排泄物として存在していると考えられる。

ところで動物は、窒素を有機物の形（有機態）で摂取しなければならない。クワガタムシの幼虫が食べる窒素は、いま書いたように微生物の姿をしたものではないだろうか。落葉落枝を食う虫（「腐食動物」）の多くも、同じような窒素摂取をしていると考えられる。

窒素の存在形態を現わす言葉に、アンモニア態窒素、硝酸態窒素、アミノ態窒素、蛋白態窒素、有機態窒素などがある。この把握の仕方にならえば、いま問題としているものは、「菌態窒素」「菌態蛋白質」あるいは「微生物態窒素」「微生物態蛋白質」などと言えるのではなかろうか。

b　むしとウシと

「菌体蛋白」という言葉はすでによく使われている。それは生化学であったり食品学であったりする。しかし生態学や土壌生物学の観点からは、菌態蛋白質、菌態窒素あるいは微生物態蛋白質、微生物態窒素というような言葉があってもよいのではないかと思う。それによって視界が変わるのである。

このような問題意識をもって暮らすうち、「微生物態タンパク質」という言葉が家畜学者によって使われているのに出会った。[140] ご存じのごとく、ウシやヤギなど反芻動物は、草などを食べてそのまま消化利用するのではない。胃の中で微生物（この場合はバクテリアと原生動物が主）を増殖させ、微生物の姿になった蛋白質を消化吸収する。だから「微生物態タンパク質」という言葉は当を得ている。このようにみてくると、朽木の中の虫と家畜のウシが同じ視野の中でとらえられるのである。

3——「糞化」と「糞菌食」

土の中の小さな虫たちの糞の後始末に菌類が働くことはすでに述べた（4章1節2項）。ここでは、虫が植物遺体を食って糞にすること自体の重要さと、その糞に菌が生えて再び動物に食べられることの普遍性について考えよう。

(1) 破砕と化学変化

春の訪れとともに木の葉が繁ると、それを食う虫があり、その虫を捕食する鳥が来る。しかし、このような摂食連鎖で消費される部分はじつはわずかであって、繁った葉や小枝の九〇％以上は落葉落枝として地表に供給される。[133] 落葉落枝は真菌類や細菌類の作用（増殖）を受けて土壌動物の口に合うものとなり、彼らに食べられるが、その六〇％以上、しばしば八〇～九〇％が糞として排泄される。そこにはもとの植物遺体のリグニンのすべてと、セルロースの相当部分が含まれており、窒素はもとよりもはるかに多くなっている。すなわち、土壌動物は低栄養価の落葉落枝を大量に食べ、その大部分を、化学的には無変化のままではあるが細かく粉砕し、炭-窒素比を小さくして排泄する。(56)

この糞化によって植物遺体は表面積が大きくなり、微生物の体外酵素の作用を受けやすくなる。窒素含量が多いことは、微生物体を構成する蛋白質の合成を容易にし、つまりは微生物の増殖と植物遺体の分解率を高めることになる。(56)

「糞化」という言葉は、落葉の腐りを見つめてきた斎藤紀氏がさりげなく使っていた。(132) 土壌生物学の用語に、アンモニア化、硝化、無機化、不動化（再同化）、腐植化などがあるが、そこに「糞化」を加えてはどうだろうか。

(2) 糞はめぐる

シロアリのきのこ栽培の項（2章1節4項）で「糞菌食」を紹介した。すなわち、シロアリの排泄物に菌糸が増殖して変質したものをまるごとシロアリは再び食べる。ここには動物からきのこ菌へ、そして再び動物へという糞の循環がある。この様式は一般的に自然界で起こっていることかもしれない。(145) すなわち、土壌動物の糞に菌が生えると、再び同一かまたはほかの土壌動物に食われるという様式である。

それは土壌動物が微生物態食品をもっとも効果的に利用する道でもある[145]。同様の糞食は、海洋の底生無脊椎動物においてもきわめて普遍的だという。「糞も餌のうち[63]」なのである。

以上、4章からみてきたように、排泄や死は「終わり」ではなくひとつの「始まり」であり、自然の後始末の過程――それは自然の半分だ！――は、排泄物や死体（樹木遺体も含む）が多種多様な生物のあいだをめぐり巡ることによってはじめて行なわれうるものである。そしてまた、それを可能にするべく、大地のすみずみまで菌類ないし微生物が行きわたっている。彼らはそれぞれの役柄にしたがって、機会いたれば確実・正直に動く。きのこはけっして神出鬼没ではなく、かならず故（ゆえ）あって現われるのである。これによって後始末はとどこおりなく行なわれるし、また行なわれなければならない。それが円滑に行なわれるように、われわれは自然を維持すべきであろう。また自然に過重な負担をかけてもいけないのだと思う。

きのこの菌糸やモグラの身になって自然やヒトの営みをながめよう。下を向いて歩こう。（補記2）

補記

1――その別書として、齋藤雅典［編著］『菌根の世界――菌と植物のきってもきれない関係』（築地書館、二〇二〇）が刊行された。菌根の多様な型や新しい知見はこの本で勉強していただきたい。

ところで、私は「外生菌根」ではなく「外菌根」が妥当な用語ではないかとも考えるが、本書では大勢に準じた。

2――近年、豪雨災害のたびに、雨の降り方の異様さは注目されるけれども、その雨を受け止める側の大地の異様さはほとんど注目されていないようにみえる。大地の異様さとは、コンクリートやアスファルトによる広範囲の被覆（遮断を含む）である。この被覆が洪水に拍車をかけていると思う。川の増水とそのあとの減水の様子（速度）が、大地の被覆がほとんどなかった私の子どものころとはまるでちがうように感じる。大地の被覆は、雨に対する問題（洪水調節）だけでなく、地下水供給、気温・湿度の調節、土壌呼吸（つまりは土壌生物の生活）も阻害しているはずだ。結果として、水や空気、土など、われわれの生活環境の浄化も阻害される。安楽・便利な生活を得るために、大地の被覆は当然のこととして推進されつづけるのであろうか。

8章 雑感

1——菌類生態学 考

この稿は、一九九二〜一九九三年に書いたものであることをお含みおきいただきたい。菌類生態学に関してはこのあとよい本が多数出版されているので（たとえば大園氏の本[193]）、まとまった勉強はそちらでしていただくとよいと思う。常に時代遅れの私が、この節においていかほどの貢献ができるか心もとないが、生態学は十人十色であることや、「捨てる神あれば拾う神あり」ということわざを支えとして、私なりの菌類への迫り方をつづってみよう。

(1) 菌類との向き合い方

まず、生態学とはどんな学問か。私は、故今関六也氏のいう生物学すなわち「生活学」のようなものだと考える。氏は、生命学と生物学は別物とし、生物学すなわち生活学は「生物が地球上でいかなる生活を営んでいるかを明らかにすることによって、人類は生物としていかに生活するべきかを学ぶ科学」と定義した[59]。では、菌類の生活とはどのようなものか。光合成をしない生物のことであるから、同じく光合成をしないわれわれ自身の生活を参考にすればよい。おもなちがいは、口がない代わりに体（菌糸）の表面から養分を吸収するという点である。ここではその菌類の生活をみるための、わたくし流の心構えのようなものを書こう。

二十数年前（注：一九六〇年代後半）、間直之助（はざま）さんというサルの研究者が、比叡山で野生ザルとつきあうところをすぐそばで見学したことがある。そのとき私は、「自然と深くつきあうとはこういうことか」と感動した。サルは、間さんが車から降りただけで遠くの山から姿を現わす。間さんは、われわれ見学者を顧慮することなくサルと向き合い、そのつきあいの中からサル社会の秘密を嗅ぎとっているようであった。

菌類とつきあうときにも、このような境地が必要だと思う。菌類に心や意志はたぶん無いだろうから、もっぱらわれわれの側の問題にはなるけれど。すなわち、菌類を信じて全霊を傾ければ、菌類の存在とその特性がみえてくるというような関係である。では、どうすればこうした境地にいたることができるだろうか。

「信じて探せ」

まず、目に見えなくては菌類を信ずるわけにいかないだろう。〈ある〉と信じて探

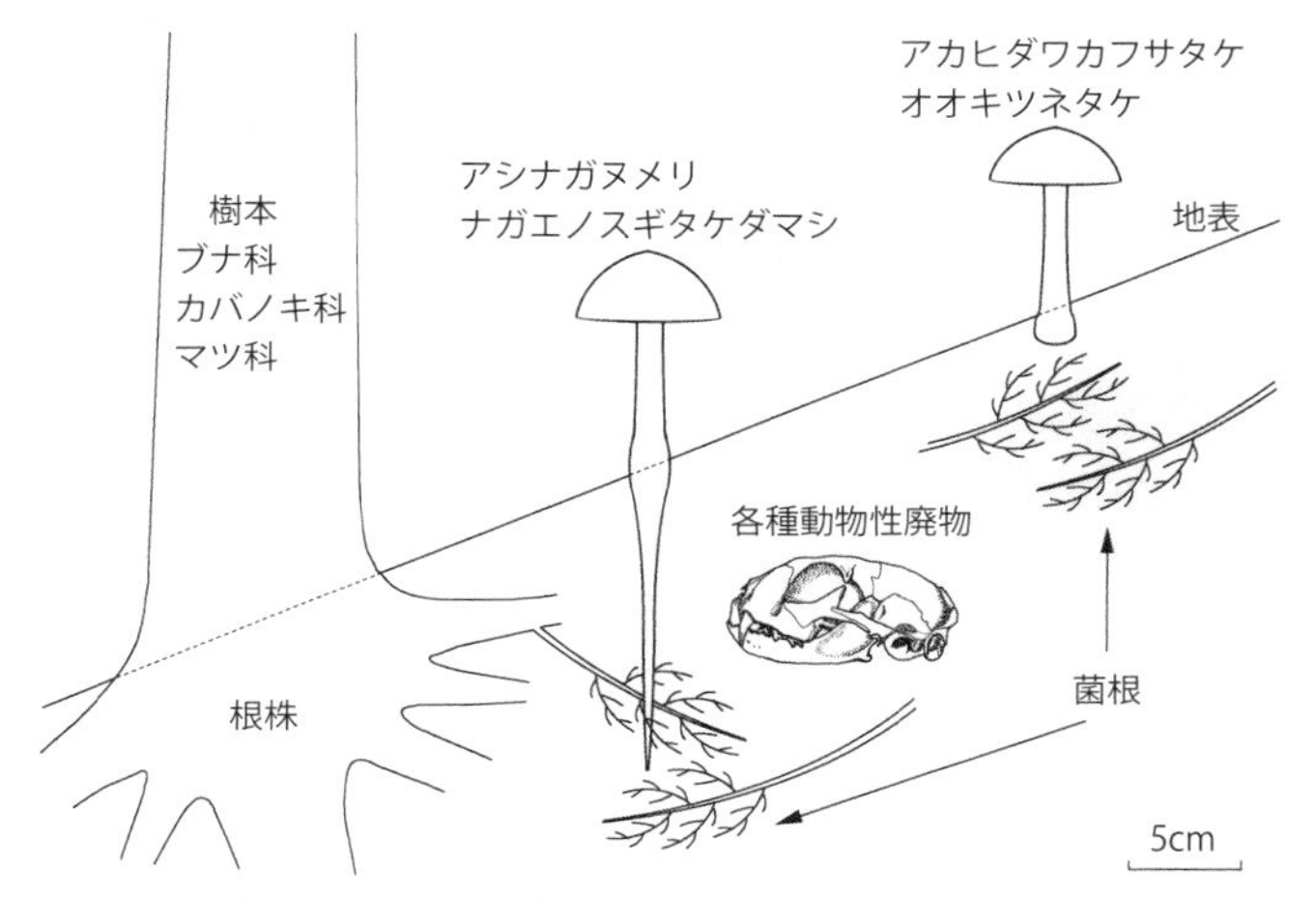

図49　櫻の樹の下には屍体が埋まっている！　これは信じていいことなんだよ。（梶井基次郎）
アカヒダワカフサタケの下には死体が埋まっている！　これは信じていいことなんだよ。（相良直彦、本書口絵2および5章1節2項参照）

すことだ。山の中で何かを見つけようとするとき、「〈ある〉と信じて探せ」と私たちは教育された。私たちをそのように教育した先生もまた、先代の先生からそのように教育された。向こうから現われるのを待っていたのでは、存在するものも見えないのだ。そしていったん目が開かれると、見えるようになる。

菌類は変態する　菌類をほかの生物にたとえるなら、草木よりむしろ昆虫に似ている。昆虫は、幼虫→成虫と変態する。菌類もそのようにみるべきだ。すなわち、幼虫時代に当たるものが営（栄）養菌糸であり、成虫時代に当たるものが子実体（きのこ）である。営養菌糸は、もっている養分のほとんどを注ぎ込んで子実体に「変態」する。チョウをみればその幼虫時代はどこで何を食って育つかが問われるように、子実体をみればそのもとの菌糸の生活が問われるだろう。そこから生態研究が始まる。

原因があって結果がある　きのこの発生に、いちいち語るに足る原因があるとはなかなか思ってもらえない。きのこは、原因がとくになくても発生するとか、有機物があって湿気があればどこでも発生すると思われがちである。しかし、姿や味の神秘さに似ず、菌類は現実的な生きものであって、必ずそれぞれに原因があって生えてくるのだ（図49）。原因と結果にこだわることによって、菌類の反応の確実さがみえてくるだろう。

質量保存の法則　原因と結果との量的なつながりをみるとき、この言葉が役に立つ。菌類は光合成を行なわず、したがって、草や木のように地上部で物質をつくり身体を大きくすることはない。すなわち、きのことして見える部分はどこかから移動し、あるいは流れ出てきたものでなければならない。きのこが大きければ、それだけの物（もの）が地中なり木の中なりにあったはずだ。この法則を現実のきのこの発生にみることによって、菌類が信じられるようになるだろう。

(2)　菌類ハ菌類デアル

ここでは、生物を植物界・動物界の二界に分けるのではなく、もっとたくさんの界に分ける考え方を支持し、あわせて、菌類を見つける（「信じて探す」）ときの目のつけどころを示してみる。

生物を植物界・動物界の二界に分けることを定着させたのは、リンネ（1758）であろう。学説としては偉大であったかもしれないが、それが社会に浸透し、制度として定着すると、今度は人々の自然観を拘束することになった。社会制度とは、たとえば大学の生物学科が植物学教室・動物学教室という構成になっていることや、予算配分などもこのような枠組みで行なわれることである。小学校からの教育ももちろんこの二界説で行なわれ、人々の頭は「植物・動物」で凝り固まった。この弊害を私は「リンネの大罪」と言う。

生物をたくさんの界に分ける見解として、「五界説」がこのごろ支持されている。私は六界でも七界でもよいと思うけれど、ひとまずこの五界説で話を進めよう。この説では、細胞の核が構造物として存在しない生物（細菌類）を原核生物界とし、核が存在して単細胞のもの（アメーバ、クロレラなど）を原生生物界、核が存在して多細胞のものを植物界・動物界・菌類界に分ける。すなわちここでは、菌類は従来の「下等植物」ではなく、植物や動物と並ぶ独立の生物群となる。

この説はこれまでの菌類観を覆すものであり、われわれの思考を柔軟にする。この説から菌類生態学が受ける恩恵は、菌類とほかの生物との多様な関係が受け入れやすくなることだ。表6に、菌類がこの五界と取り結ぶ諸関係と、その具体例を示してみた。ここでいう「基物」とは、菌類が生活の基盤（餌）とするモノまたは場所のことである。

この表の中に、［ ］で示した空欄や培養所見にとどまるところがあるが、これらは今のところ具体例を書けないところである。不勉強で思い浮かばないものもあるが、まだわかっていないものもあるだ

表6　基物選択性（基物特異性）による菌類生態群の類別

Ⅰ～Ⅴは、5界説の5界に対応する。それぞれの界の中では腐生的、寄生的、共生的とされる生活法の順に並べた。腐生とは死物によって生活すること、寄生とはほかの生きものに取りつき害を与えて生活すること、共生とはほかの生きものに接触あるいは内生して共に生活することである。具体例（生態群）は、なるべく視覚的に表わした。そのために新語を用いたところがある。たとえば、Ⅳ-Aの毛生菌とは毛に生える菌であり、Ⅳ-B-1の巣生菌とはシロアリやアリの巣に生える菌、Ⅳ-B-2の虫生菌とは冬虫夏草などを指す。Ⅳの「…跡菌」とは、アンモニア菌あるいは腐敗跡菌のことである（4章補記6参照）。

Ⅰ．原核生物体そのもの、または原核生物起源の物質を基物とする
　A．死体または死体由来の物質に生える：[　]
　B．生体または生体由来の物質に生える
　　1. 代謝産物、分泌物、またはそれらに由来する物質に依存：(共培養による成長促進)
　　2. 生体を消化：細菌捕食菌
　　3. 生体と共生：藍藻地衣、窒素固定細菌との共生（?)、ツクリタケとシュードモナス（*Pseudomonas*)
Ⅱ．原生生物体そのもの、または原生生物起源の物質を基物とする
　A．死体または死体由来の物質に生える：[　]
　B．生体または生体由来の物質に生える
　　1. 代謝産物、分泌物、またはそれらに由来する物質に依存：[　]
　　2. 生体を侵害：アメーバ捕食菌
　　3. 生体と共生：緑藻地衣
Ⅲ．植物体そのもの、または植物起源の物質を基物とする
　A．死体に生える：枯木・伐倒木菌、落葉・落枝菌、球果・殻斗・種子菌、枯草菌
　B．生体または生体由来の物質に生える
　　1. 分泌物に依存：根面（圏）菌、葉面菌、樹液菌、蜜腺酵母
　　2. 生体を侵害：植物病原菌
　　3. 生体と共生：菌根菌、宿葉菌
Ⅳ．動物体そのもの、または動物起源の物質を基物とする
　A．死体または死体由来の物質に生える：動物遺体菌、死体跡菌、骨生菌、毛生菌
　B．生体または生体由来の物質に生える
　　1. 排泄物、分泌物、またはそれらに由来する物質に依存：糞生菌、排泄物跡菌、巣生菌、巣跡菌
　　2. 生体を侵害：真菌症原因菌、虫生菌、線虫・輪虫捕食菌
　　3. 生体と共生：反芻動物胃内菌、カイガラムシとモンパキン、昆虫消化管細胞内菌
Ⅴ．菌類体そのもの、または菌類起源の物質を基物とする
　A．死体または死体由来の物質に生える：タマツキカレハタケ、?ヤグラタケ、?カクミノシメジ
　B．生体または生体由来の物質に生える
　　1. 代謝産物、分泌物、またはそれらに由来する物質に依存：(培養ろ液による成長促進)
　　2. 生体を侵害：菌寄生菌
　　3. 生体と共生：?オウギタケとアミタケ
Ⅵ．その他：腐植菌、堆肥・ごみ捨て場菌、焼け跡菌、農場・貯殻菌、食品菌、建築物・文化財劣化菌、産業廃棄物菌

ろう。ともあれ、この表で菌類の生活の多様さをながめていると、空欄を埋めるものがきっとあるはずだと思えてくる。事実、I‐B‐2の「細菌捕食菌」は、この稿を書く直前まで私の中では空欄だったが、バロン氏の研究[178]を知って、埋めることができた。

ちなみに、このように生物の分布や生活様式の分化を表にして、そこに階層的あるいは順列組み合わせ的な秩序を読み、空欄があればそれを埋めるものの存在を予測することを、「生物周期律表説」と私は言っている。元素の周期律表の成立経緯にならったもので、これも「信じて探す」ときのひとつの方法だ。

菌類をみるとき、菌類ハ菌類デアルと思って迫らなければ、ほんとうの姿はみえないだろう。植物学や動物学のやりかたを用いてもだめだ。菌類学は独自の言葉で語られなければならない。

(3) きのこを語るコトバ

前項では、「菌類ハ菌類デアル、菌類学は独自の言葉で語られなければならない」と述べた。ここでは、その「独自の言葉」について考える。個々の用語の問題と語り口(言いまわし)の問題とがあるはずだが、まずはいくつかの用語をとりあげて、植物学からの脱皮を図りたい。

個体　斎藤紀氏は、「菌類という生きものはどうしても〝個体〟という概念と折り合いがつかない」と言う[214]。けだし至言であって、ほかの生物群をあつかっている研究者と菌類研究者とのあいだでズレが生ずるのは、ここのところの感覚のちがいによることが多い。子実体（きのこ）は営養生活（営養菌糸）のなれの果てであり、生殖のための構造物にすぎないから（図29、図33左参照）、もちろん「個体」ではない。しかし、しばしば「一個体、二個体、…」と言われる。あるいは、「この個体は…」と言われる。「体をなしているもの」という意味でなら許される表現ではあるが、生物学的には「一個、二個、…」あるいは「この子実体は…」と言うべきであろう。「一本、二本、…」という表現もあるが、草や木の数え方とまぎらわしいので避けたい。ところで、地表には現われず、地中で未完成に終わる子実体が多くある（図29参照）。生態学的研究ではしばしば、地表に現われた子実体の数や分布が調査されるが、このことをみれば、その方法の限界がうかがえるだろう。前項で、植物学や動物学の方法を用いてもだめだと述べたのは、このようなことを含んでいる。

茎　子実体の軸状部分を表わすためにこの言葉がよく使われるが、この部分は、植物の基本器官とされる根・茎・葉の「茎」とは本質的に異なる（本項「偽根」参照）。「柄」または「軸」というような言葉を用いるべきであろう。

偽根（pseudorhiza）　ナガエノスギタケやアシナガヌメリにみるように、子実体の柄の下部が地中へ長く伸びている場合、その部分は「偽根」と呼ばれてきた。この部分はしかし、上から下へ伸びたものではなく、下から上へ伸びたものである。すなわち、営養菌糸の増殖部（基部）で発生した子実体原基（きのこの子ども）が、胞子形成部位（傘とひだ）を地表に押し出すために生長したものである。つまり「柄」の前段階であって、植物の根に模すべきものではない。したがって、「前柄」（prostipe）

とでも言ったらどうだろうか。英語には rooting base という表現もあるが、上から下へ降りている印象を与えるので、これも好ましくない。

saprophyte、saprophytic　腐生的な菌（前項表6参照）を表わすのにこの言葉がよく使われるが、語尾の"-phyte"は「植物」の意である。代わりの語として saprotroph（saprotrophic）あるいは saprobe（saprobic）がある。同様に困惑する言葉に endophyte がある（植物の葉などの内部に共棲または共生している「宿葉菌」のこと。前項表6参照）。この用語の不当性についてアメリカのある学者に抗議したら、「それはそのとおりだが、アメリカでは変更される見込みがない」という返事だった。アメリカがやらないから日本も準じてよいということはない。

fungus flora（または fungal flora）　ある地域における菌類の種類相（種類構成）を表わすのにこの言葉が使われることが多い。しかし、"flora"はもともと「花」の意である。この語を避けるために、私は最近、fungal species array（または fungal species assemblage）という表現を使った[195]。

plant　分類学関係の論文で、きのこの標本のことがしばしば"my plant"と表現されている。"my specimen"というような表現がとられるべきであろう。

教育とは、いうなれば「コトバを与える作業」であるから、菌類を教えるにあたってそれを表現する言葉の選択は大切である。また、図書、とくに図鑑は社会でひろく用いられ、初心者にとっては聖書にも等しいものなので、そこでの言葉使いの責任は大きい。言葉は意識を規定し、菌類観を左右するはずである（私自身、きちんと目覚めるまでは、慣習的な用語に従っていた）。ただし、学会で用語を制定し、それからはずれた表現を許さなくなったりすれば、また問題である。

(4) 実験精神

バイオテクノロジーの世になって、木に竹を接ぐような話はめずらしくなくなった。菌類生態学においても旺盛な実験精神と果敢な実行が必要だろう。

潜在するもの　ありのままの自然は、もてる性質を必ずしも表現してはいない。ほんとうの姿は実験してみないとわからない。たとえば、果菜トマトは露地で栽培すれば夏作しかできないが、温室で水耕すれば越年して大木になり、三年間で五〇〇〇個もの実をつけたという（だからこの農法がよいというのではない）。日本で最有用な林業樹種スギを温暖多雨のヒマラヤ南麓に植えると、育ちすぎて材がやわらかく、用材にならないとのこと。河川の上流域（冷水域？）に住むタカハヤが、夏には三〇℃近くになるわが家の水槽で暮らしている。

多くの生物が能力を発揮できずにいたり、互いに気持ちよく暮らせていないところは人間社会と変わらないであろう。能力の発揮どころか、その存在さえ知られないものが多いのが菌類を含む微生物の世界である。潜在する菌類種や潜在する性質をまずは発現させてみるところに、菌類生態学のひとつの入り口がある。

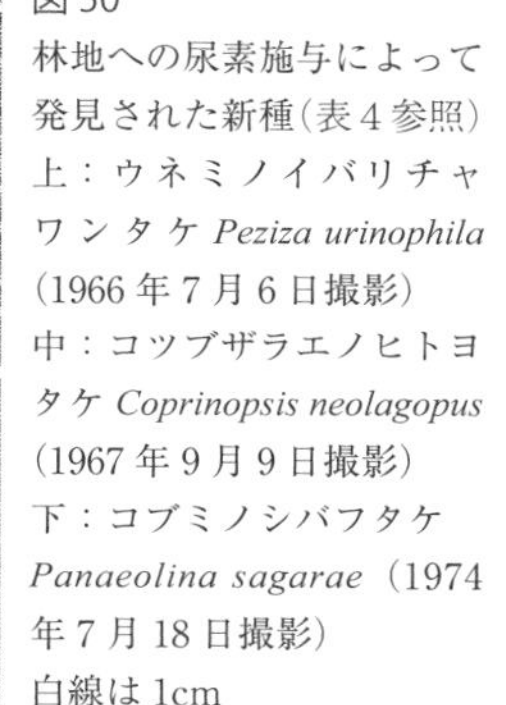

図50
林地への尿素施与によって発見された新種（表4参照）
上：ウネミノイバリチャワンタケ *Peziza urinophila*（1966年7月6日撮影）
中：コツブザラエノヒトヨタケ *Coprinopsis neolagopus*（1967年9月9日撮影）
下：コブミノシバフタケ *Panaeolina sagarae*（1974年7月18日撮影）
白線は1cm

実験的攪乱　菌類の潜在する種類や性質を発現させる方法として、これまでいろいろな手段が用いられてきた。たとえば、集積培養（目的とする微生物の生育にとくに有利な条件下で、培養をくりかえして選抜する方法）、選択分離（目的とする微生物以外の発育を阻害し、目的の微生物のみを発育させて分離する方法）、餌による釣り上げ、などなどである。

　林地あるいは土壌を相手にした場合に「実験的攪乱」と呼べる方法がある。たとえば、有機物層剥離、溝掘り、隔壁挿入、焚き火、加熱、乾燥、化学物質施与、などである。これらの実験的な攪乱によって潜在す

図51　焚き火をきっかけとして生えることがわかったコツブオオワカフサタケ *Hebeloma crustuliniforme* f. *microspermum*。この写真では、茸輪の径2m、中心部（矢印）に焚き火の跡がある。白糸は前年の茸輪の位置（1979年11月9日撮影）。実験的焚き火は先き立って別途に行なった

る種類や性質がかなり明らかになった（図50、図51、4～6章）だけでなく、土壌菌類群集のありようや土壌・生物反応系の理解にも踏み込むことができた[195]。上記の諸方法のうちあるものは、動物発生学における移植の手法やサル学における餌付けと似たところがある。移植の手法とは、胚の一部を切りとってほかの部分に移し植えるなど、「切ったり貼ったり」の処理を指す。

どのような方法を用いれば未知の自然が見えてくるか、定石はない。が、経験的には、予定していた観察期間より前または後、常識的な濃度範囲や温度範囲からはずれたところ、などでおもしろいことが見つかっている。「貧栄養微生物」（細菌・真菌）はふつうより格段に低い

養分濃度の培地あるいは蒸留水で育つものであり、「アンモニア菌」（4章2節1項）は林地肥培で用いられるより多量の尿素を施与したことによって捕捉されたものである。

行動を起こす　さて、新しい方法を用いなければ、新しい地平は切り拓けない。それは当事者が額に汗して考えるべきことだ。だが、頭で考えつくことはたかが知れている。自然ははるかに奥が深く、どこに未知の世界がひろがっているかわからない。そこで大切なことは、行動を起こすことだ。やってみることだ。そして、やりながら考えるのだ。

「ふつうの人間は頭を使って仕事をするより身体を使って仕事をするほうがよい」とも私たちは教育された。

補記。すこし趣旨はちがうけれども、大学での毎期の講義の最後に、学生へのはなむけとして私は次のように言っていた。「頭で何かができると思うな、しかし、頭は四六時中使え」

菌類屋の優しさ　多くの優秀な若者が、「ありのままの自然を調査する」ことから「実験する」ことに踏み切れないでいるようにみえる。新しい技術に対しても意外に保守的だ（この点は私もしかり）。先輩を利用したり、教官に食い下がったりする力も弱いようである。代わりに、「気」の優しさを感じる。この優しさは、人間社会にとっても地球にとっても誠に貴重であろうが、菌類学にとっては歓迎できまい。荒々しく研究し、騒々しく発表しなければならないだろう（発表力については私自身がだめなのである）。守りの姿勢で行なわれる研究や発表はおもしろくない。攻めの姿勢で行なうべきだ。また、人が何か新しいことを言ったあとで、「自分もそう思っていた」はだめだ。決心力が肝要。

考えようによれば、動物発生学の手法（切ったり貼ったり）や園芸における接ぎ木あるいは旧来の育種でさえ、神をおそれぬ所業である。そのことを思えば、果敢なことがたくさんやれるのではないか。

私とすこしつきあい、菌類採集会に集まる人々をながめていたある学生が、「菌類をやる人は静かですね」と言った。静かなのはよいだろう。が、気が優しいのは困るように思う。

(5) 菌根観察のすすめ

菌根学者であったわが師・故浜田稔先生と、二十数年前（注：一九六〇年代後半）、菌根談義をしたことがある。いいかげんうるさくなったとみえたころ、先生は「君も菌根やれや！」となかば吐き捨てるように言った。そのときとっさに出た防御の言葉が、「菌根学者は頭がおかしいので、……つかず離れず……」であった。「頭がおかしい」まで言ったところで、先生はすかさず「そうだ！」と言った。「頭がおかしい」の心は、とくに先生を指したわけではなく、植物と菌との関係を絶対的に考えすぎることへの抵抗であった。「つかず離れず」の心は、趣味として菌根をみるのは最高によろしいが、仕事にするのはどうも……というものであった。が、人生は往々にして「やりたくない」と思っていた方向へ曲がるものである。そして今、生意気にもこんな文を書いている。

菌根観察の効用　菌根は、ながめてドキリとする非日常性をそなえており、それだけでも愉しめる（図46参照）。大所高所的に言えば、菌根の知識は自然の総合的な理解の基礎として欠かせない（7章1

節1項参照)。菌類屋が自分の話をおもしろくするためにも菌根にふれなければなるまい。アマチュアにおいては、生態学に踏み込んでプロを震撼させ、自己実現を図っていこうとするとき、菌根はひとつの足がかりになりうるかもしれない。

菌根をながめて感動したことは何度もあるが、初期の経験としてツチダンゴ(図21参照)がある。その外壁を覆う土くれ(だんごの衣)をはがして内側から見たら、菌根の塊だった。土の衣ではなかった。すでに外国の本に書かれてはいたけれど、「土だんご」という言葉の甘さ(?)を打ち破った気がして愉快だった。

菌根観察の手法

むずかしい機器が必要とお思いの向きもあるかもしれないが、要は工夫、応用だ。実体顕微鏡、光学顕微鏡、および写真装置がほしいけれども、始めからそろわなくてもよい。まずは虫眼鏡でも楽しめる。光学顕微鏡観察のために菌根を薄く切るのは手でもできる(徒手切片法)。一念発起、なせばなる。菌根をニワトコの髄(ピス)またはそれに代わるもの(ニンジン? ジャガイモ?)にはさんで、安全カミソリの刃(両刃の仕上げ用の側)で切る。その際、鋸を引くように刃を滑走させなければならない。そこにちょっとしたコツがある(元京大教授・奥田光郎氏から教わった)。

右利きの場合、使う刃を斜め左前方に向け、ピスにはさんだ試料を左手に持って刃の向こう側に位置させる(常識的には刃を自分側に向け、試料をその手前に置きたくなるが、その反対をやる)。そして両脇を締めカミソリを持った右手首のみを前後運動させる。すると、刃は自然に滑走する。図46下段の写真は、この方法でつくった根の横断薄片である。なお、徒手切片法は胸元での作業なので、老眼の向きには度の強い眼鏡が要る。

実験菌根学　今後の可能性として、ずっと私の中にくすぶっていることを述べよう。培養系ではなく、野外自然での話だ。

①菌根の人為的作出（人工のシロ形成）。前項で紹介した「実験的攪乱」として、たとえば林地に尿素を施与すると、特有の菌類の遷移が起こり、その後期には菌根が形成され、菌根性のきのこが発生する。これは計画的につくりだせるから、この舞台を用いていろいろな研究ができるのではないだろうか。

②菌根形成の阻止（根の切断または隔離）。たとえば、①で紹介した舞台（尿素を施与した土壌）に根が登場するのを阻止したらどうなるか（菌根性のきのこは生えるか？）。この考えからこれまでに二つの試みを行なった。(a)林内地表に、底に排水孔をあけたプラスチック製タンク（六〇×四〇×深さ三八センチメートル）を置いて土壌を入れ、尿素を施与したのちタンクの排水孔から根が侵入しないように見張る。(b)林地をいったん掘って網籠（根の侵入が可能な水切り）を埋め、その中に土を戻して尿素を施与し、時折かごを持ち上げることによって侵入してくる根を切断する。結果として、これらの処理を行なったところでは、遷移後期に生えるべき菌（きのこ）は生えなかった。それらのきのこが菌根性であることの傍証がとれたと考える。

菌根研究の場として適切な媒体を選ぶことも大切である。砂や花崗岩の風化土は単純で、根を取り出すのも便利だ。単純・便利な系で基本的な見解を早く出したほうが勝ちであろう。

柔軟・率直な目で　菌根をみるにあたって望みたいのは、既成の概念や知見にしばられないで、個々の事例に即して自分の目でみることである。これによって先人を震撼させる道も開けよう。また、菌と植物との関係を絶対視しないことも大切だ。条件的菌根性（腐生・共生双方の生活を行なう）の菌が存在することはもちろん、絶対的菌根性（菌根共生を行なわなくては生活できない）とみられる菌でも、「暫時の他養」（interim saprotrophy、一時的な腐生）を行なう可能性がある。[180] 純粋に「腐生的」とみられている菌と根との交渉も見どころだ。

(6) 実践篇・実戦論

これまでの項も表題のような実際的な話になっていたかもしれないが、ここでは書き残したことを書いて、本節を終わりたい。

菌類生態学の展望　植物や動物の生態学と同等の内容があると覚悟する必要があろう。ひとつだけ具体的な問題をとりあげる。走査型電子顕微鏡ができて以来、胞子の美しい写真がずいぶん発表されてきた。しかし、その表面構造の意味するところはほとんど語られなかった。花粉についてはずいぶんと研究が進んでいると聞く。胞子にかぎらず、子実体の形や色などにもすべて意味があるとしたら……。そこには広大な未知の領域がうかがえる。中でも私の年来の関心は、胞子の表面が、突起、こぶ、しわなどによって粗であることの意味である。「アンモニア菌」には粗面胞子の種類がとくに多い（図52、4章2節1項のe参照）。この場合について予感を言えば、動物の身体に付着しやすいということではな

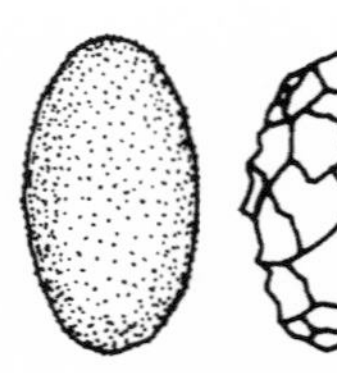
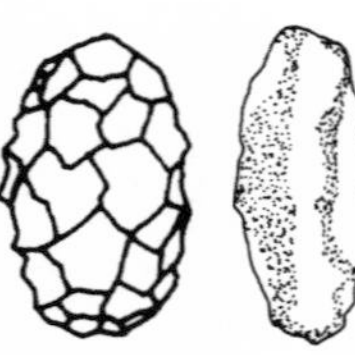
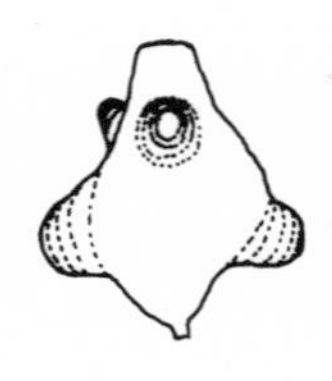

図52　アンモニア菌６種の胞子
この形態の一つひとつに意味があるとしたら？　左から３つは子嚢菌チャワンタケ類、右の３つは担子菌ハラタケ類。大きさの比率は一定ではない

いだろうか。たとえば、哺乳類や昆虫の体表構造との噛み合いの面から合理的な説明はできないものか。

自然に密着する　師匠・故浜田稔先生は、研究者としての道を探っていたころの私に「君は野外をやるほうがよいのでは？」と言った。野外の自然は重層的で未知の部分が多いので、頭脳派とはみえない私にもチャンスがあると思われたのだろう。自然に密着する――自然から離れない――ことは、凡庸な者が前衛的（？）でありうるひとつの方法であろう。このことは、なかまがいなくて情報が入りにくいところに赴任したときにも有効だと思う。また、情報の遅れは否めない極東の孤島から、個性的な情報を発信するにもよいようだ。自然は無限に新しい面を見せてくれるから、それに自分を重ねて話（story）を創るのだ。鈍重な私は、このようにして何とか生きてきた（「鈍重」は謙遜や卑下ではなく、師匠から「鈍重なのはいいことだ」という形でお墨つきをもらった）。

実証主義　学問の精神としての実証主義は、あくまで物的証拠にもとづいて、あるいは自分が見たことにもとづいてものを言うということである。換言すれば、状況証拠や先輩・権威者の言うことに依らないことである。あえて言うのは、学者は、いちおう筋のとおった理解の仕方や概念に

弱く、先入観をもってものごとをみやすい、わかった気になりやすい、などの傾向があるからである。私にも失敗がある。

権威主義に対抗する手段としての実証主義もありうる。学問とは、つまるところ、先輩や権威者を打倒・凌駕することである。その際、しっかりした証拠をもっていればよいのである。近年、権威主義の風潮がみられるのは遺憾である。


菌類学をめぐる状況　月刊誌『アニマ』(平凡社)一九九一年一一月号の特集「自然・環境・生物を知る本―四一テーマ八〇〇冊のブックガイド」に菌類関係の本は一冊も入っていない。『アニマ』は、「日本で唯一の自然史を扱う一般誌」とか(注:一九九三年以降休刊)。

他分野の学者は、既得の概念を援用して、菌類についてわかったようなことを言いがちである。また、菌類を手段として利用しようとはするけれども、勉強しようとはしない。菌類を自分の仕事として手を汚し、充分つきあってから議論してもらいたいものだ。

前項で「菌根観察のすすめ」を書いたが、世間が菌根に寄せる関心は「共生」ブームに乗って異様である。種類を問わなければ、菌根なんてそこらにフツウに、いくらでもあるものだ。関心があるなら、自分で実物を見たらよい。そうすれば、それこそ一瞬のうちに何かを悟るだろう。自分で見ずして語るのはどうかと思う。

菌類学の独立が唱えられて久しいが、どこまで本気なのか疑われる状況が菌類学者の側にもある。立場上やむをえない人もいるようだが、そうはみえない人もいる。

アマチュアリズム　アマチュア精神――虚心に立ち向かう――がプロにも大切であることはつとに言われている。一方、アマチュアにおいても、プロのやることに風穴をあける個性と迫力が期待される。

イギリス菌学会の採集会（一九八六年春・秋、各五日間）に参加したとき、静かではあるが力を蓄えたアマチュアがいるのに感動した。クラーク氏（Malcom C. Clark、1911-1991）は当時七五歳、不自由な足をひきずりながら、文字どおり地べたを這って採集していた。氏にかかると、日本の採集会では見向きもされず、また日本では同定できないかもしれない菌類が次々と同定された。氏が見つけた新種は四八にのぼり、イギリス菌学会から一九八九年にメダルを授与された。

各方面に不快をもよおすところがあったと思います。古都の片すみ（今は九州の山奥）に隠棲しているうちに脳ミソにかびやきのこが生えたとして、ご容赦ください。

2――ヒトと発酵――「ジュースパン」

「不要となったフラスコを処分するが、使う人はいないか?」という、某大学から漏れ出た話を耳にして、ひとつの想いがほとばしった。酵母をめぐってである。

「ジュースパン」をつくってみませんか。すわりのよい透明ガラス瓶（例：三角フラスコ）を見つけて、そこに市販の一〇〇%葡萄ジュースと市販のパン酵母（ドライイースト）を入れてみよう。酵母は生きているので、その動きを見るのは楽しい。数日してできたものは「ジュースパン」（相良命名、まことにeasy!）。パン酵母を使用しているので、液体であっても、あくまで「パン」。味はシャンパン風。

葡萄酒酵母、日本酒酵母、ビール酵母、パン酵母など、いずれも生物学上の種（species）としては同一と知り、「ならばパン酵母でも……」と思いたったところが私の、生物学者としての面目。

器内で発生する二酸化炭素は排出させながら、外から空気（酸素）を入れないことが肝心（空気が入ると酢ができる）。このために容器の口につける装置（air lock）もどこかで売られていると思う。私はチェコスロバキアでもらったものを使用し、それがこわれてからはそれを見本として科学機器の店につくってもらった（図53）。

二酸化炭素の発生が落ち着いてきたら、上澄みを別の瓶に静かに移し、冷蔵する。手荒くすると、せっかく過飽和状態で液体中に存在する二酸化炭素が気泡になって逃げる。自分でつくったものはなんでも納得して食べられる。素材はいろいろ試してみるとよいだろう。私が、バナナをいい加減にきざんで用いたときは、一夜明けてみると、二酸化炭素が固形物を浮かせ押し上げて栓を吹き飛ばし、フラスコ内容物が噴出・散乱していた。栓が抜けたので爆発にはいたらなかったということのようだった。チェコ製の栓がこわれたのは、この事故による。バナナは粉砕して使うべきだったかもしれない。

京都大学在職中の一九八八年ころから定年後に務めた龍谷大学非常勤の二〇〇七年まで、生物学実習

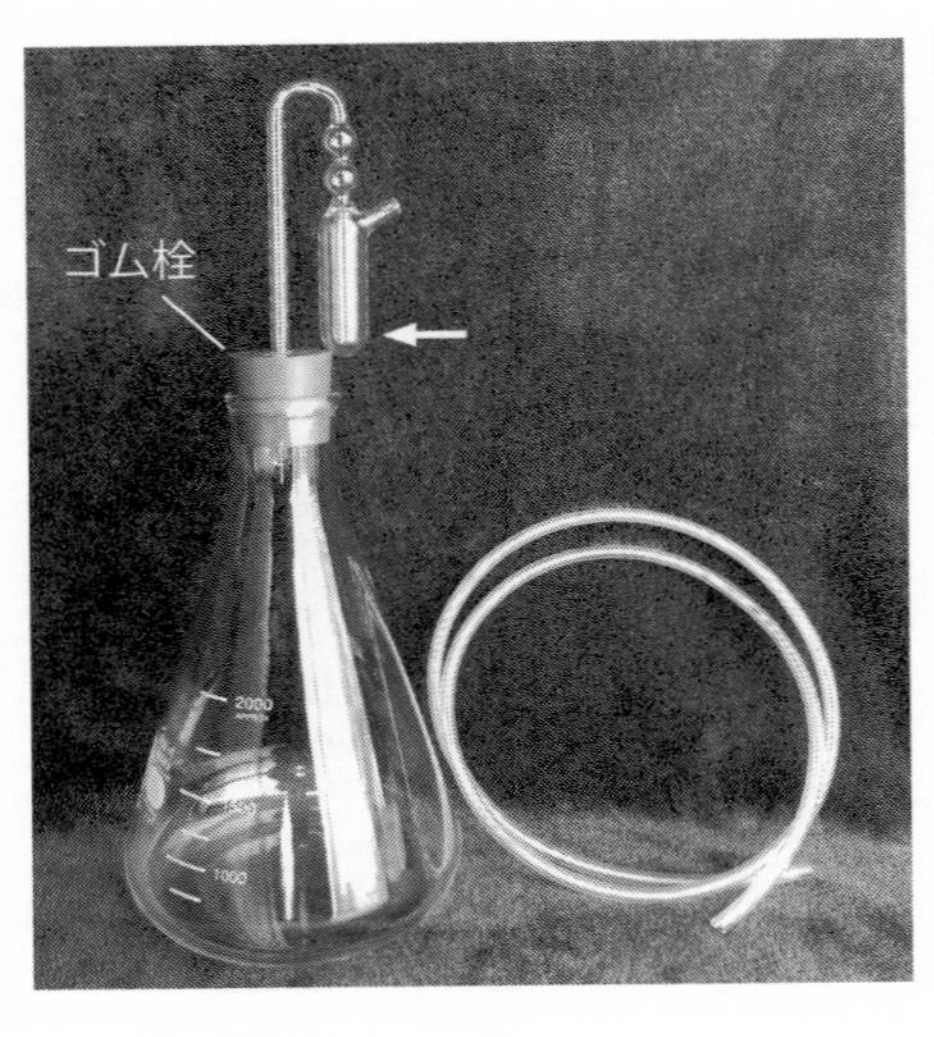

図53
ジュースパン製造用具
左は、2リットル三角フラスコにair lock（発酵栓）を取り付けた状態。矢印のところに少量の水を入れて、空気の流入を止める。右は、出来上がったもの（上澄み）をサイフォンの原理によって別の容器へ移すためのプラスチック・チューブ

のひとつとして発酵微生物を顕微鏡で観察（検鏡観察）させるため、ジュースパンをつくった。京大では、その実習を履修してジュースパンを試食した（「試飲」ではない）医学部女子学生が、実習後、赤い顔をして夕刻の時計台下を歩いているのを見た（時計台地下の生協売店へ出かけての目撃である）。

この実習で「発酵微生物」として用いたのは、ヨーグルトの乳酸菌、納豆の納豆菌（枯草菌）、およびパン酵母。市販のヨーグルト、納豆をそのまま用いる。この実習のねらいは、①無染色で検鏡し、「顕微鏡でものを見るとはどういうことか」を体得させること、②同じ「菌」という言葉が使われながら、細菌と真菌（かび・きのこ類）はおおいに異なることを理解させること、③われわれは微生物を食べながら暮らしていることを納得させること、などだった。ヨーグルトについては、容器に表示されているとおり、二種類の細菌（連鎖球菌と連鎖桿菌）が認められた。また、ヨー

グルトの容器は密閉されているのに対して納豆の容器には小さい穴が開いていることに注目させ、乳酸菌は嫌気性、納豆菌は好気性であることに対応していると話した。

一九八六年、いまだ東西冷戦下、暗く、自由の乏しい国チェコスロバキアを訪ねたとき、首都プラハで、ある民家の地下室に案内された。そこでは、たくさんの大型ガラス瓶(一〇リットルくらいだったか)の中でブクブクと泡が立っていて、「オオーッ!」と感動した。この国ではワイン造りは御法度ではないとはいえ、そこだけは自由空間のように見えた。素材は各種果実・果汁にかぎらず、きのこまでも。私の感動ぶりを見て、栓(air lock)とワイン酵母一包を土産にくれた。帰国後、パン酵母の利用を思いつき、わずか一リットルのジュースパンをつくりながら、「ここに自由あり、自分あり」と深く感じ入った。静かな泡立ちをながめながら、神の前に恥じることではないとも思った。

若いころ(一九六〇年代)に愛読した『瓢鰻亭通信』の前田俊彦氏(一九〇九—一九九三)は、この著作ののちに、「自分で飲む酒を自分でつくって何が悪い」と最高裁まで争い、敗れた(一九八九年)。氏は、どぶろく造りを「人間の自己回復」と位置づけていた(朝日新聞 二〇〇三年六月七日)。前田氏をして闘わせたものは何だったのだろう。発酵との出会いがもつ覚醒力だったかもしれないと想像する。日本の酒造り御法度は世界的にはむしろ例外、今世紀になって「どぶろく特区」なるものができている。しかし、特区は前田氏が追求したこととはかけ離れているようだ。

3――上田俊穂さんから寄せられたナガエノスギタケ情報とヒミズ標本

地下性哺乳類（ここでは、ほとんどの場合がモグラ類）の排泄所から発生するナガエノスギタケあるいはアシナガヌメリにめぐり会うのはきわめてまれで、私がこれまでに調査した八六か所のうち、自分で見つけたのは一二か所にすぎない。ほかはすべて他人様（ひと）が見つけてくださった。そして、その発生地点を、発見者による現地案内なしに特定するのはたいへんむずかしい。しかし中には、紙面に記された情報によって特定できた場合がある。故上田俊穂さん（注）から寄せられたものがその最たる例である。

注――上田俊穂氏（一九四一―二〇一三）は、山形県生まれで、京都府立の工業高校在学中にきのこに目覚め、大阪府立大学農学部で菌学を学んだ。高校教諭となり、二〇〇一年まで勤務。関西菌類談話会に参加し、会報編集委員長、会長などを務めた。ベニタケ類の分類が専門で、著書に『検索入門　きのこ図鑑』（保育社一九八五）がある。美術に造詣があった。

上田さんが発見したナガエノスギタケ発生地は滋賀県高島市朽木（くつき）の白倉連峰登山道の脇で、車道から遠く、標高七七〇メートル（登行差五五〇メートル）の尾根の上。山を愛した上田さんであっても再度登山して私を案内するのはむずかしい、しかし、きのこ発生地点をなんとしても私に伝えたいとたいへんな努力をされたことがうかがえる。ここでは、上田さんから頂いた手紙をそのまま画像として掲載させていただく（図54〜57）。この手紙は、私が頂戴した情報の中でもっとも懇切丁寧・詳細なもので、この難所でよくこれだけの自然把握をなさったものだと感心する。そこには、上田さんの描写力もよく表われており、達意のスケッチである。なお、この手紙の公開については、ご遺族（奥様）の同意をいただいている。

上田さんの発見（一九九九年一一月三日）から約半年後の二〇〇〇年六月一四日に現地を確認し、じっさいの発掘調査はさらに二年後の二〇〇二年五月二五日に行なった。五月末という時期を選んだのは、離巣（分散）前のモグラ幼獣に出会えるかもしれない期待からであった。この山は全体としても登山路も急峻で（図57）、自分一人で調査道具や採集品を運ぶことはむずかしく、家族のひとり（娘）に同行支援してもらった。

この高島市朽木地区については、関西菌類談話会や幼菌の会の方々のお陰で、これまでにナガエノスギタケ発生地点が計一二か所特定された。うち、上田さん（この例）、西田富士夫さん、および正井俊郎さんが見つけた三か所はミズラモグラの営巣地だとわかった。そして正井さんの分（朽木麻生の「くつきの森」、標高二六〇メートル）では、巣の住者であるミズラモグラ個体も捕獲できた（滋賀県許可）。これらの成果は、お三方との連名でひとつの論文になった(213)。この地方（滋賀県西北部）にミズラモグラが分布していることの初めての報告である。また、以前から、高山性とされていたミズラモグラがかなりの低地にも生息しているらしいことが拾得された死体からわかっていた（他県において）が、今回、標高二六〇メートルの里山で巣とその住者ミズラモグラを確認できたことから、低地における生息が明白になった。この論文の原稿作成過程では、上田さんに地図の作成をお願いした。寄せられた情報を論文という形に生かすことができたのはさいわいであって、私は安堵した。

ここで、私のミズラモグラ観を書いておきたい。このモグラは、中部地方の山地に分布の中心があるようにみえて、英語名はJapanese mountain moleである。レッドデータブックでは、「準絶滅危惧種」（環境省版、二〇〇七）、「絶滅寸前種」（京都府版、二〇〇二）、「絶滅危惧種」（滋賀県版、二〇〇六）とされている。私は、これらの評価は間違っていると思う。山地性・森林性であることや捕獲されにくいことなどから、われわれとの接触機会が少なく、疎遠なだけであろう。仮に生息密度が小さいとしても、山地・森林面積の大きさを考えてほしい。レッドデータブックでは、「調査不足」あるいは「情報不足」と言うべきであったと思う。

京都府を中心とする中部日本で私がきのこを手がかりにして遭遇した巣は、ミズラモグラ、アズマモグラ、コウベモグラとも各二〇例前後で、ほぼ同数と言える。朽木地区にかぎれば、ヒミズ四例、ミズラモグラ三例、アズマモグラ二例、コウベモグラ一例であった。つまり、私の中でミズラモグラは「希少」ではないのだ。そして、どこかでミズラモグラに会おうと思えばほとんどいつでも会えるという状況が長くつづいた。彼らは長期にわたって定住するからである（4章2節4項）。広島県山間地の畑で捕獲された例も報告されている。「あなたの家の裏山にもミズラモグラがいるかもしれませんよ」と言いたいところだ。

No. 1
Date 5 ~~OCT~~ NOV 99

相良 先生

前略お許し下さい。
FAXでは細部が表現できませんので郵便でお送りします。
同封の地図の赤丸の範囲内の登山路のそばで、私の腕時計についているいいかげんな高度計で750mでしたが、
±50mの精度です。
さてE-mailに~~表わさ~~のせれたとおり，杤生のところにある杤生橋を渡って左折した所に自動車を置いて，道を北にとりますと、ほどなく白倉岳への登山口が右手に見えてきます。山道はかなりけわしく登りも下りも苦痛だと思います。（私は下りに利用しましたが、登りに利用する方が楽だと思います）
さて，登山口には白い立標がありますが，目的地まであと2本あるはずです。（合計3本），高度750mくらいのところに上りに向って左手にこのような白い立標があらわれます。ここまで約1.5時間はかかるはずです。
ここまでくるとあと30m程度です
（別紙をごらん下さい）

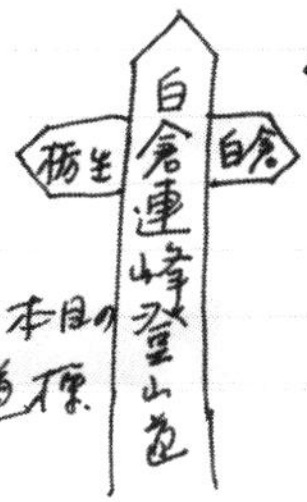

杤生 白倉 白倉連峰登山道
3本目の道標

山道はわかりやすく，テープや布片などが多いのでまちがうことはないはずです。分岐もほとんどありません。

ナガエノスギタケ発見日は1999年11月3日です。
乱筆乱文をお許し下さいますよう。敬白

上田俊穂

図54 上田さんからの手紙（1999年11月5日付） 第1頁

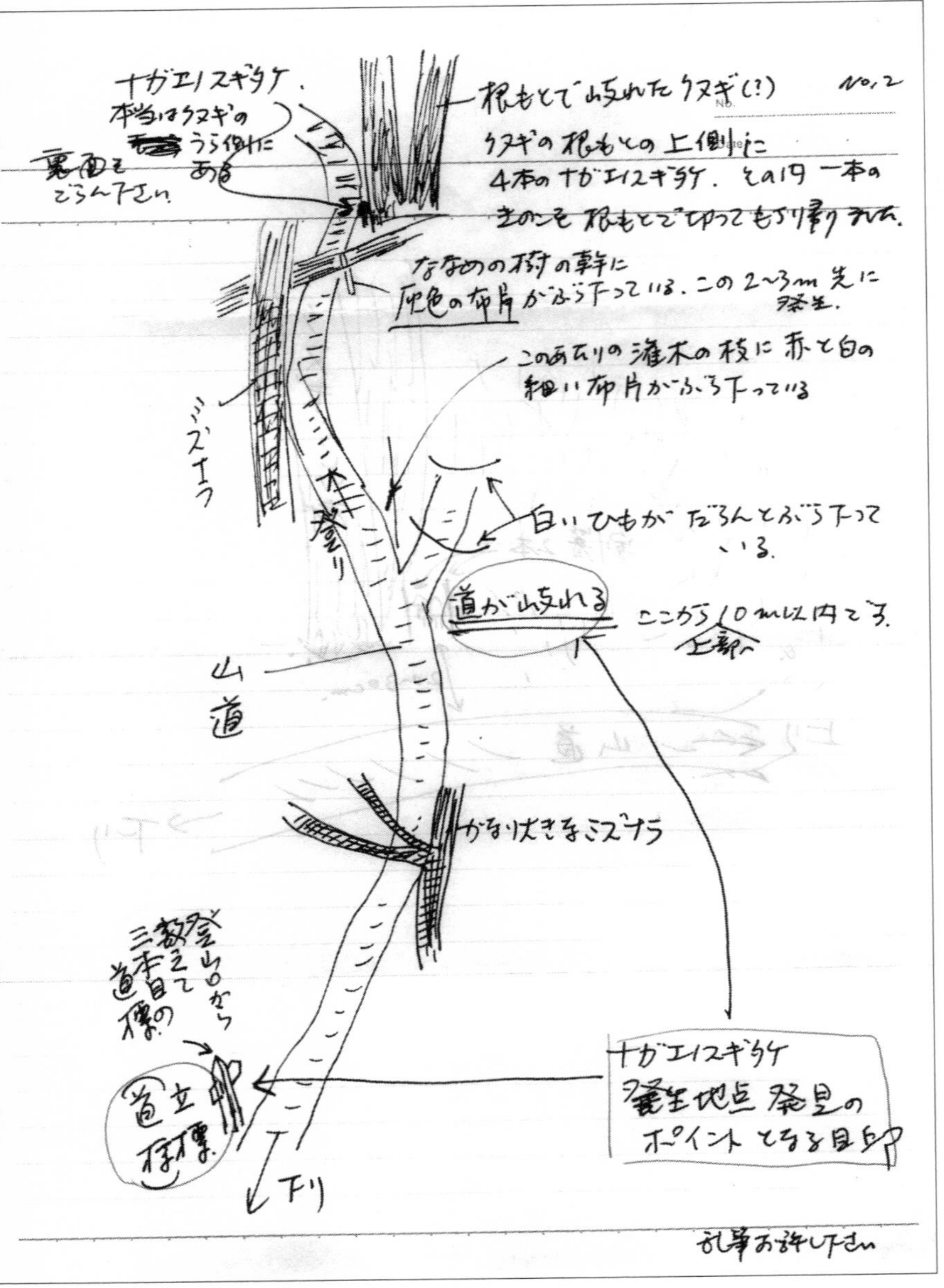
No.2
ナガエノスギタケ.
本当はクヌギの うら側にある
裏面をごらん下さい.
根もとで岐れたクヌギ(?)
クヌギの根もとの上側に
4本のナガエノスギタケ. その内一本のきのこを根もとで切ってもち帰りました.
ななめの樹の幹に
灰色の布片がぶら下っている. この2~3m先に発生.
このあたりの灌木の枝に赤と白の細い布片がぶら下っている
ミズナラ
登り
白いひもがだらんとぶら下っている.
道が岐れる
ここから10m以内です.
上部へ
山道
かなり大きなミズナラ
登山口から数えて三本目の道標
道標
ナガエノスギタケ
発生地点発見のポイントとなる目印
下り
乱筆お許し下さい

図55　上田さんからの手紙　第2頁

図56　上田さんからの手紙　第2頁の裏面（おもて面の筆跡が透けて見える）

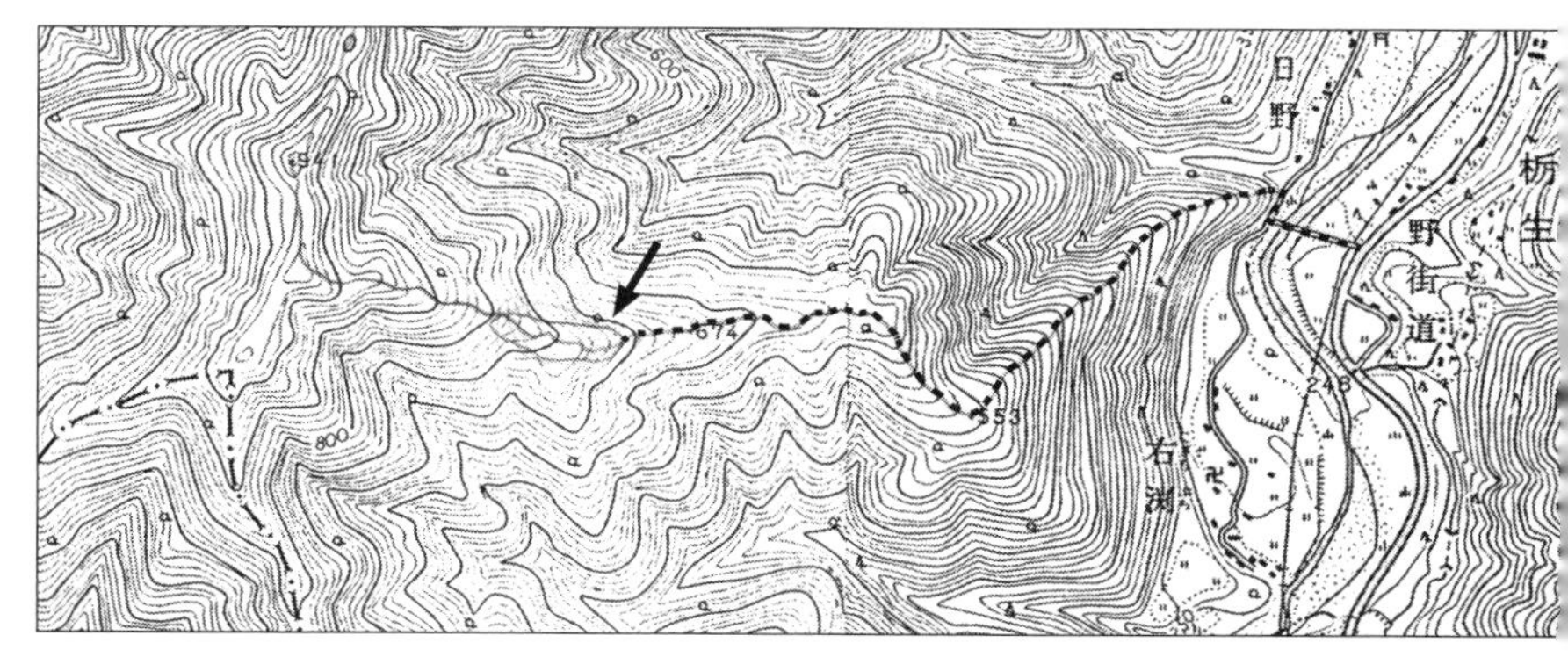

図 57　上田さんの手紙に添えられた地図
国道 367 号線（京都—若狭）から現地（矢印）への経路が蛍光ペンで印されていた。ここではそれを点線で置き換えた。地図の元は国土地理院 2 万 5000 分の 1 地勢図

上田さんからはヒミズ（哺乳類、モグラ科ヒミズ属）の標本も頂いた。路上死体を拾得して液浸したもので、計五点ある。一九八六年八月一八日奈良県大台ケ原で得たもの二点、一九九一年一〇月九日比良山麓で得たもの一点、一九九九年一一月六日比良山正面谷で得たもの一点、二〇〇五年一一月一五日長岡京市浄土谷で得たもの一点、である。これらの標本を届けてくださった理由は、たぶん一九八四年ころ、「モグラ類の死体を見つけたら拾ってきてほしい」と集会でお願いしたからであったと思う。一九八一年京都府芦生の京都大学演習林でナガエノスギタケからミズラモグラの巣に出会ったけれども、モグラ本体は捕まらない。「ミズラモグラの巣」は、脱け落ちていた体毛による判断であった（4章2節4項）。そこで、このモグラの存在証拠の収集につとめたのである。当時近畿地方ではミズラモグラの存在証拠はきわめてわずかで、京都府下でははじめての証拠が、京都市左京区八丁平での死体拾得にもとづいて報告されようとしているところであった。

死体を持ち帰り、液浸標本をつくるのはけっこう面倒である。悪臭にとまどうこともある。にもかかわらず、前記の日付からわかるように、一過的ではなく持続的に協力してくださった。上田さんは、拾得死体が重要な情報源となりうることをよく理解していたのである。頂いた標本が私の研究に直接役立つことはなかったけれども、それぞれ収納番号がつけられて京都大学総合博物館に保管されている。

上田さんは、お人柄そのままに、静かに私の研究に力をかしてくださっていたと受け止めている。

4――モグラは森の生物だ

4章2節4項のようにきのこからモグラの生活をながめるうち、「農耕地周辺の動物」と思われがちなモグラが、じつは「森の生物」としての性格を強くもつことがみえてきた。それをまとめてみたい。モグラが山地にも生息・分布することはつとに知られているが[184]、「森の生物」という認識は弱かった。ただ川道武男氏[187]は、「日本の陸生哺乳類は基本的に森林性である」としている。

(1) 巣、坑道、個体の実在から――山地個体群は小さいか?

私が三八年間（一九七六～二〇一四年）に調べたモグラ類の営巣地八二例は、いずれも森林内に存在した（口絵1・4、図32、33、34、58～61）。このことは、ナガエノスギタケやアシナガヌメリの発生が特定の樹種の存在下にかぎられていることによるのであって、農耕地周辺でも営巣が行なわれることを否定するものではない。しかし、ヒミズやミズラモグラにかぎらず、アズマモグラ、コウベモグラ、サドモグラ、さらにヨーロッパモグラも、そして北米のセイブモグラ（*Scapanus townsendii*、アメリカモグラ亜科）も森林によく住んでいる。この事実は、巣を見るまでもなく、山地を歩いて坑道を観察し

たり、捕獲を行なったりするだけでもわかる。(211・相良 未発表)

西南日本の山地に生息するアズマモグラについて、「孤立小個体群」(177)「遺存的で隔離された小分布地」「隔離小個体群」などの表現が用いられることがある。(175・176) この見解は、西南日本の平地で優占する大型のコウベモグラに押されて、アズマモグラの分布は北へ後退しているという大局観にもとづいていると思う。しかし山地面積は大きく、少なくとも京都付近では多くの場所でアズマモグラが生息する証拠(巣、坑道、または個体)に出会うから、「小個体群」という表現は私の実感には合わない。「孤立」あるいは「隔離」という表現についても、疑問に思う。西南日本のアズマモグラは、報告されているよりはるかに多くの場所に生息しており、「分布が連続していない」と言うのはかなりむずかしいのではないだろうか。

のちに述べるように、もし広葉樹林がモグラ類の本来の生息地だとすると、広葉樹林からスギ・ヒノキなどの針葉樹林への転換が行なわれる前は、ミズラモグラやコウベモグラも含めて、モグラ類の山地個体群はもっと大きかったのではないかと考える。

(2) 混棲的生息の実態から——山林は住みにくい場所か?

日本のモグラ族モグラ類(ミズラモグラ、アズマモグラ、コウベモグラ)の分布は明確に分かれていると思われがちである。しかし私は、モグラ類が共存的・混棲的に生息している実態を見てきた。(201) 森林は、地上の構造も立体的に複雑であるが、地中の構造も樹根や岩石などの存在によって立体的に複雑であり、このことが複数種の共存を容易にしているのではないだろうか。山地の土壌が深いところでは、東京の地下鉄が深度を変えて交差するように、異種のモグラが接触することなく暮らすことも可能であろう。さらに、構造の複雑さから多様な環境が用意され、避難も容易で、モグラにとってはかえって住みやすいかもしれない。山林は住みにくく、沖積平野や農耕地周辺が住みやすいとはかぎらないだろう。モグラ類については排他性が強調されるけれども、異種の接触が致命的なものとならないかぎり、共存もありうるのではないか。

この考えの根拠として、次の事実がある。①地下三五～四八センチメートルに存在するミズラモグラの巣の真上の地表近くをアズマモグラが通過しようとして捕獲された、②コウベモグラの巣とその住者個体を取り去ったあとにアズマモグラが巣を再構築して住んだ、③同一林内の三四メートルという近距離でミズラモグラとコウベモグラが同時期に営巣していた、④同様にアズマモグラとコウベモグラが四七メートルの距離で営巣していた、⑤同一林内の地表距離六五メートルでアズマモグラとコウベモグラが同日に捕獲された、など[201・206]。大木が繁る森林内では、数十メートルという距離は「すぐそこ」である。坑道だけの観察を加えれば、森林地帯で複数のモグラの種が近接して生息している証拠はもっとある[211・相良 未発表]。森林はモグラ類にとって、少なくとも空間的に、住みにくい場所ではないようである。

(3) 巣のつくりは広葉樹林起源？

モグラは広葉樹の落葉を地表から運び込み、地中の空間（巣室）の壁に積み重ねて圧し、ほぼ球形の巣をつくる（図31、32、59、60）。場所によってはササその他のイネ科の葉や、まれにはポリエチレンまで巣材に使われるが、広葉樹の落葉を用いた巣づくりにはどこか完成したものが感じられる。「これが本来だ」と思わせるものがある。ストーンとゴーマン氏[215]はヨーロッパモグラを「本来は落葉広葉樹林の住者」としている。この見解はどこから出たものかわからないが、巣のつくりからも出てきそうである。すなわち、モグラの巣には、広葉樹、とくに落葉広葉樹の落葉がもっともふさわしいと思う。理由として、①坑道内を運搬することからみて、長大でない、柔らかい葉がよい、②積み重ね、圧して壁をつくる際に、柔らかく加工しやすい葉がよい、③吸湿性や保温性において落葉広葉樹の落葉がよいはず、などがある。

この考えを進めると、コウベモグラはその体格と坑道の大きさから、やや堅い常緑広葉樹の落葉をも容易に利用しうる動物だと考えられ、その分布は常緑広葉樹の分布域とおおまかに合致するとみることもできる。さらに、コウベモグラとほぼ同じ体格のサドモグラは、日本海側低地の原植生である常緑広葉樹林に対応した種とみることはできないだろうか。アズマモグラとミズラモグラは、暖帯上部～温帯の落葉性ブナ科やカバノキ科の樹種に対応した種と考えることもできる。いずれにしても、モグラの巣のつくり（巣材と構造）は、森林という環境で生まれたものであろう。

図58　ナガエノスギタケ発生地における、モグラの巣の発掘調査

2002年10月6日滋賀県朽木における公開調査を見学した深澤遊氏によるスケッチ（深澤氏の野帳から複写。図中央の縦の線は野帳の綴じ代、野帳は見開きタテ160mm、ヨコ181mm、活字は相良挿入）。この地点はスギ林の上方林縁に位置し、さらに上方にはアカシデ、クリ、コナラなど、ナガエノスギタケと菌根共生を行なう木が存在し、それらの根がここまで届いていた。（深澤氏は当時京都大学大学院農学研究科修士課程学生、現在東北大学大学院農学研究科助教）

モグラの巣の発掘現場の様子は、吹春氏の本 [182] のほか、次の著作にも紹介されている。飯島正広『モグラの生活』（月刊たくさんのふしぎ第269号、福音館書店、2007年8月〈たくさんのふしぎ傑作集として再刊、2010年〉）、飯島正広・土屋公幸『日本哺乳類大図鑑』（偕成社、2010年）、飯島正広［写真・文］・土屋公幸［監修］『モグラ ハンドブック』（文一総合出版、2015年）。

ナガエノスギタケから探知したアズマモグラの巣において、幼獣と母親モグラが飯島正広氏（アジアネーチャービジョン）と足立泰啓氏（NHK）とにより動画撮影され、モグラ類に関する世界初の映像としてNHK「ダーウィンが来た！」で放送された（2006年7月16日、オンデマンド配信あり）。授乳の様子が写されている。

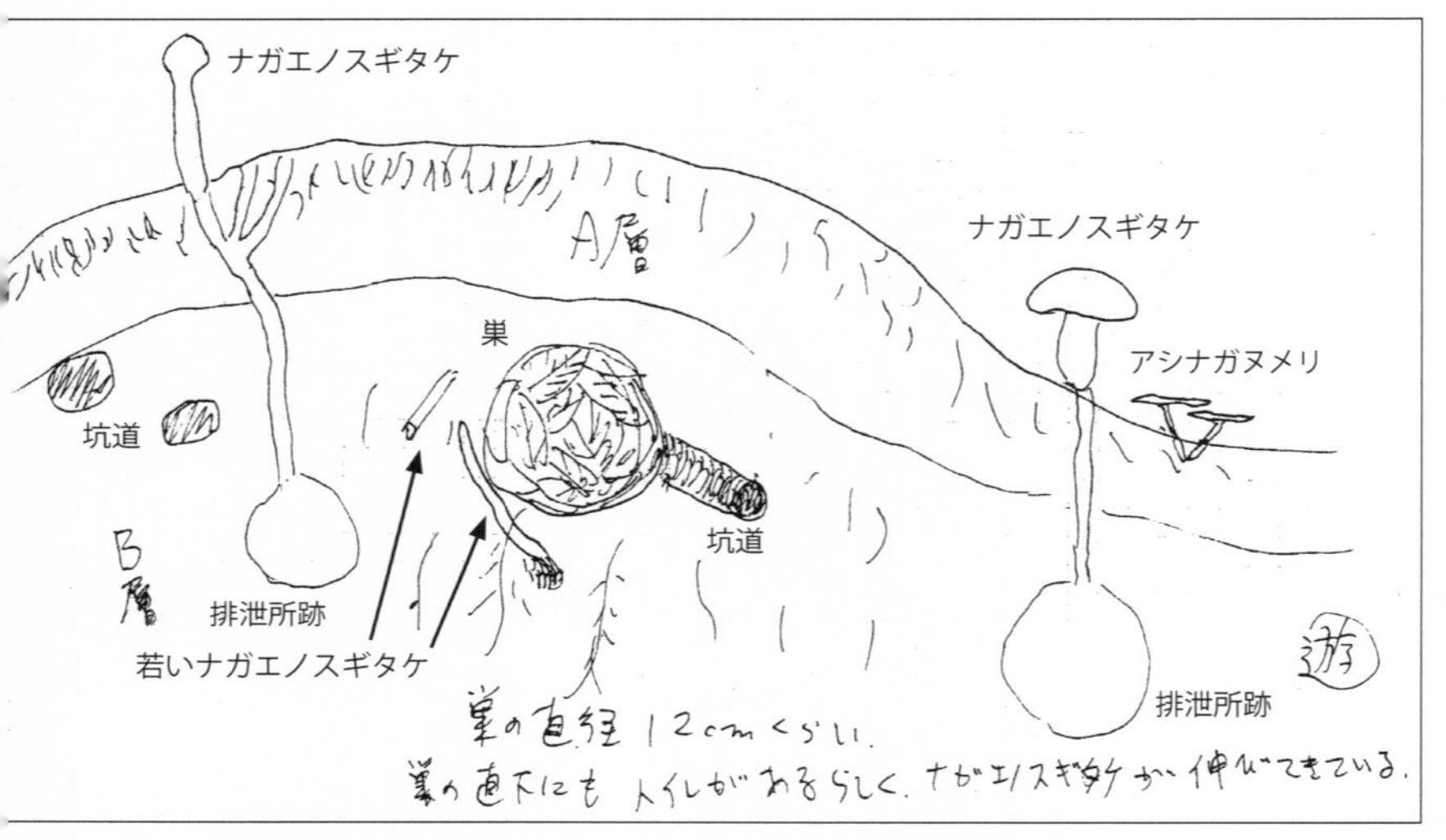

図 59　深澤氏スケッチ続き。発掘によって得られた土壌断面の概略
排泄所跡は、モグラの消化残物と菌根との塊になっている。消化残物は主として虫体外殻の破片で、キチン質であるために土壌中でも分解されにくく、長く残留する（活字は相良挿入）

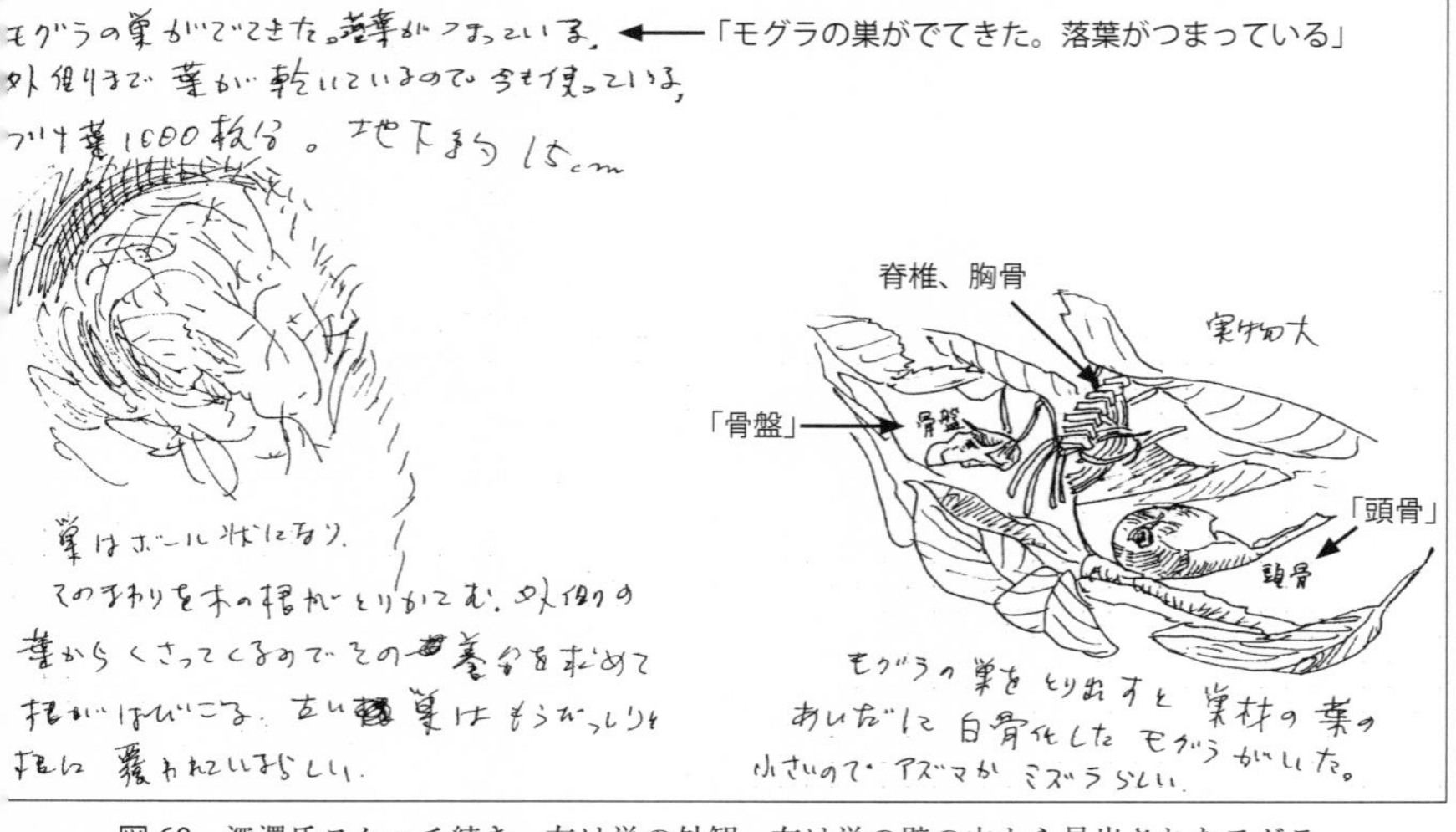

図 60　深澤氏スケッチ続き。左は巣の外観、右は巣の壁の中から見出されたモグラの死骸（活字は相良挿入、「実物大」は野帳面でのこと、図 61 参照）。深澤氏の野帳には、子実体や排泄所跡のより詳しいスケッチもある

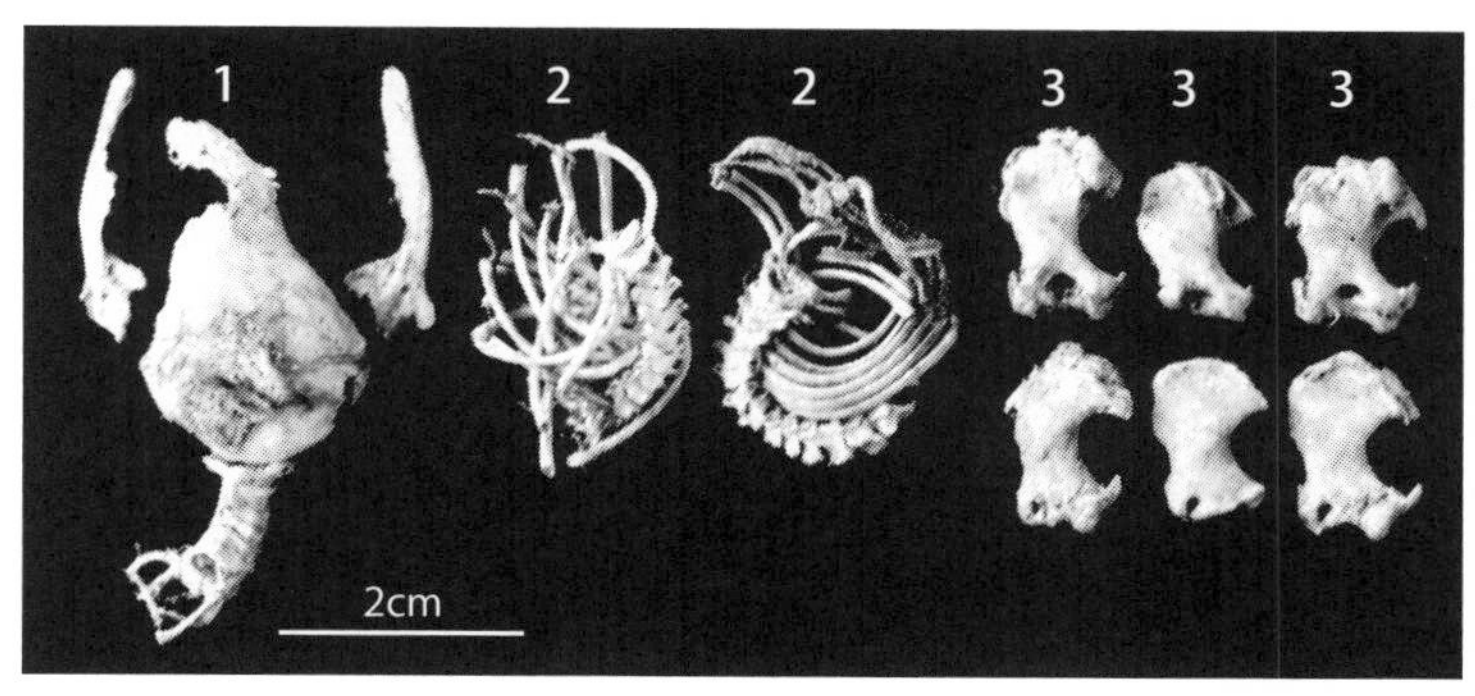

図61　図60にスケッチされた巣から回収された死骸（骨）の中のおもなもの（死骸全部の回収には失敗した）
1：頭骨と下顎、2：脊椎と胸骨、3：上腕骨
死骸はアズマモグラ幼獣のもので、上腕骨が3対検出されたことから、少なくとも3個体の幼獣がいたことがわかる。その幼獣は、母親モグラがなんらかの理由で巣に戻らなかったために餓死、そしてその死体が朽ちたあとに、新参アズマモグラが巣を修復し再利用したと考えられる（死骸の同定には、富山大学教授横畑泰志氏の協力があった）

(4)「定住可能」は幸せでは？

モグラ類の寿命は三〜五年とされているが、そのような年数をはるかに越えて同じ場所で営巣した例がいくつもある[201・205]（4章2節4項d）。その定住は、住者の交替をもともないながら行なわれる[206]。住者の交替には、親子の代替わりも含まれているだろう。このような長期定住は、まず、環境の安定した森林でこそ可能なのではないか。そして、代々定住できるということは、その生物にとって幸いなことではないだろうか。ヒトを含めて、動物は本質的に保守的である。いや、同じ場所に閉じ込められていて不幸、という場合もあるかもしれない。しかし、定住したくてもできない場合に比べれば、幸いだろう。少なくとも、今いる場所で暮らせるのだから。このような見

方が妥当であるならば、定住を可能にする森林はモグラ類にとって幸せな場所だと言えよう。

ついでながら、われわれの発掘調査によって営巣地が荒らされたときにモグラが示すとっさの行動、すなわち巣と営巣地への固執行動は、われわれヒトが家や居住地を荒らされたときに自然に発する気持ちと同様に、変化をいとう気持ち——現状への愛着や執着——から出たものとしてよく理解できる。科学の言葉でどのように語られるべきか知らないけれども、真相は動物のもつ保守性だと思う。

(5) 浄化装置つき居住地

長期定住を可能にする条件のひとつとして、排泄物の後始末、すなわち巣の周囲の土壌の浄化が円滑に行なわれる必要があると考える。モグラ類、とくにモグラ族のものは、巣の付近でほぼ場所を定めて排泄する。排泄所は場所を変えてつくられるが、巣から遠い場合でも一メートル以内であった。このような排泄所が順次浄化されないと、長期の定住は困難であろう。そこに、きのこおよび樹木との共生(図31)が意味をもつと考えられる。すなわち、モグラは、きのこや樹木を食べはしないけれども、きのこや樹木に巣の周囲の清掃を負っているとみることができる。(197・201) この関係は森林においてこそみられるものである。もちろん、田畑周辺の営巣地には浄化に働く生物がいないと言うつもりはない。おそらく代替生物相が存在するはずであるが、長期定住の実例はみられていない。

それにしても、同じ林内の近傍に、環境条件は同じようにみえるところが充分に存在しているにもかかわらず、営巣場所を変えないのはなぜだろうか。発掘調査を行なえば、巣は無くなるうえ、巣の付近の坑道系の少なくとも約半分は破壊される。それでもなお、巣を新規造営するよりは有利なのだろうか。巣を奪われた個体が同じ場所に巣を再建する場合については、前項でふれた本能的保守性——住み慣れた場所への執着——として理解できる。しかし、住者個体とその巣がともに除去されたあとにやってくる新参モグラも同じ場所に巣を再建するのだ。私は、モグラは、浄化機能をそなえた環境をなんらかの形で認知しているのではないかと考えてみる。すなわち、地上や地表は一様にみえても、地中の菌や樹根の分布にはムラがあって、それらによる浄化機能は一様ではないのかもしれない。そしてそれをモグラはなんらかの感覚で判別するのかもしれない。「ああ、ここなら木もきのこもそろっていて定住できそうだ」と。あるいは、菌糸や樹木細根の増殖によって巣の周囲にすでに形成された浄化装置に惹かれるのかもしれない。「ああ、ここにはすでに浄化槽ができている」と。このような見方から、「モグラは、きのこや植物との関係において、営巣すべき場所を知っている」と言ってみたい。

(6) 農耕地が開かれたのは最近のこと

モグラと特定のきのこの種類および特定の樹木の種類からなる三者の共生が成立していること（前述）は、モグラと森林とが歴史的に深く結びついていることを示しているのであろう。このような関係が成立するのにどれくらいの時間がかかり、成立してからどれくらいの時間が経過したのかはわからない。しかし、ヨーロッパと日本とで同じことがみられる（ここでは北米のナガエノスギタケは未確認情報として除外しておく）ことから、たぶんユーラシアを通じてその起源は同じであって、日本列島が孤立する以前から成立していたと考えられる。すなわち、氷河時代に日本列島と朝鮮半島とが陸続きになった最後の機会が最終氷期（ウルム氷期）だと仮定すると、約二万年以前からその関係は存在したであろう。

農耕地が開かれたのはたかだか五〇〇〇〜一万年くらい前かららしいことからみても、モグラは本来、森林の生物だと考えられる。阿部永氏は、現在ではどのように考えておられるかわからないが、かつて（一九七四年）、「日本列島における人類の活動、特に農耕が普及する以前の、低地がひろく天然林におおわれていた時代においてはモグラの生息適地は現在よりもよほど制限されていたものと考えられる」としている。[174] 私はそうは考えないのだ。農耕地が「生息適地」だとは思わないし、「制限されていた」というとらえ方もしない。モグラの農耕地生活は、ヒトの都市生活と同様に安楽な面はあるかもしれないが、「それでいいのかな?」と思う。

ヨーロッパのナガエノスギタケはアカネズミ類やアナグマの排泄所からも発生することから、この菌とモグラとの結びつきの特異性はすこし弱まるけれども、この論考の本質は影響を受けないだろうと思う。

5——鑑識菌学への試み——チベットかぶれのなれの果て

4章2節4項で、(地表で見る)きのこは「なれの果て」なり、と書いた。ここでは、自身のなれの果てぶりを書いて締めくくりとしたい。

大学院生時代(一九六〇年代前半)の私は、外国の僻地や極地にあこがれ、「辺境」を軸にして回っていた。探検・調査をしたかった。なかでも、日本とは異なる気候風土の中央アジアやチベットの秘境に惹かれた。今では想像もできないだろうが、当時の日本はまだ貧しく、外国に自由に渡航できなかった。「学術調査」というような大義名分が認められなければ、渡航のための外貨を買うことができず(円は外国で通用せず)、日本を出られなかった。外国へ行くために、学者としてどのような名分をつくるか、これが当時の私の行動原理だった。菌類を研究課題としたのにも、その下心があった。植物学や動物学にはそうそうたる人たちがたくさんいて、自分ごときに出る幕はないと思ったのである。

チベット(Tibet)は、当時は入域できない禁断の辺境。せめてチベット語圏へとブータンの菌類調査(単身)を計画した。ブータンで調査したことはすべて「新知見」となるはずであった。中尾佐助先生(注)の示唆でブータンの王様あてに入国許可を求める手紙を書き、ブータンへ行くことになったある公的な使節団の一人に託した。王様側からはＯＫの返事をもらったが、当時外交権をもっていたインドがブータンへの入国を認めなかった。そこでネパールへ転進し、そのチベット語圏（ヒマラヤ山麓）で約三か月暮らしてきた（一九六四〜一九六五年）。その直前のインド滞在中には、チベット人からチベット語の個人指導をすこし受けたほど、チベット語にはまじめに取り組んだ。ネパールではもちろん菌類調査を行なったほか、単独、ヒマラヤ主脈北側のチベット的風土のところを歩いてきた。しかし、ネパールからの帰路、インドで鉄道輸送に託した荷物のひとつ（調査資料を含む）が紛失したことから、業績を何も残さなかった。インドでは、紛失や盗難は失くしたほうの責任だから、恥ずかしくて、この旅行のことを自ら語ることはほとんどなかった。計画実現のためにお世話になった多くの方々にも申し訳なかった。いま思えば、この外国行が私の青春だった。なお、観光ビザで行けるようになったチベットやブータンにはあえて行きたいとは思わない。

注——中尾佐助氏（一九一六—一九九三）は、当時大阪府立大学農学部教授。愛知県生まれで、京都帝国大学農学部農林生物学科を卒業（相良の先輩筋）。探検家、栽培植物学者。一九五八年、日本人としてはじめてブータンを単身踏査し、『秘境ブータン』（毎日新聞社、一九五九）の著書がある。「照葉樹林文化論」で著名。

外国熱に取りつかれていたころ、師匠の浜田稔先生は、「そんな遠くまで行かんでも、そこの吉田山一つとっても、調べることいっぱいあるさ」と言っていた。しかし、外国行を止めはしなかったし、応援してもくれた。そして後年、私の研究史の中で大きな山となった「死体探知茸」（５章）、「もぐらのせっちんたけ」（4章）、「クロスズメバチの巣跡」（6章）との出会いは、その吉田山であり、大文字山であった。フロンティア（辺境、未開拓の分野）は、見える形でどこかに存在するのではなく、どこにあるかわからないものだとも言える。「学問はアナーキーなものだ」と、これも浜田先生が言っていたような気がするが、これは定かではない。

定年から二年後の二〇〇三年、イギリス人のチベット氏（M. Tibbett）（当時はオーストラリアの大学にいた）から、氏らが企画している本の中の一章を書かないかと誘いがあった。死体などが朽ち果てた跡の痕跡から鑑識資料（法廷証拠）を得ることを試みる本である。4～6章の、アンモニア菌をめぐる私（たち）の研究を評価しての誘いであった。猟奇的・通俗的な本になるのではないかという懸念をすこし感じて、躊躇する部分もあった。が、Tibbettという名前には参った。見たこともない姓、チベットかぶれの過去をもつ自分にとって、なんたる奇遇！　TibetとTibbett、綴りがちがうからたぶん発音は異なるだろうけれど、「チベット」が向こうからやってきた感じだった（bとtをひとつずつおまけにつけて！）。受けるしかないなと思った。氏らは私たちの研究成果をじつにすなおによく勉強し、菌学や法医・鑑識科学の国際誌に総説（review）したのにも好感をもった。チベット氏にはこれらのことは言っていない。氏は、今はイギリス、レディング大学の教授である。（蛇足ながら、チベット語によるチベットの呼称はTibetではない。*pö*と発音する。日本語の「ぺ」にちかい）

依頼された一章を書くにあたっては、菌類（とくにアンモニア菌・腐敗跡菌）がもつ証拠力に力点を

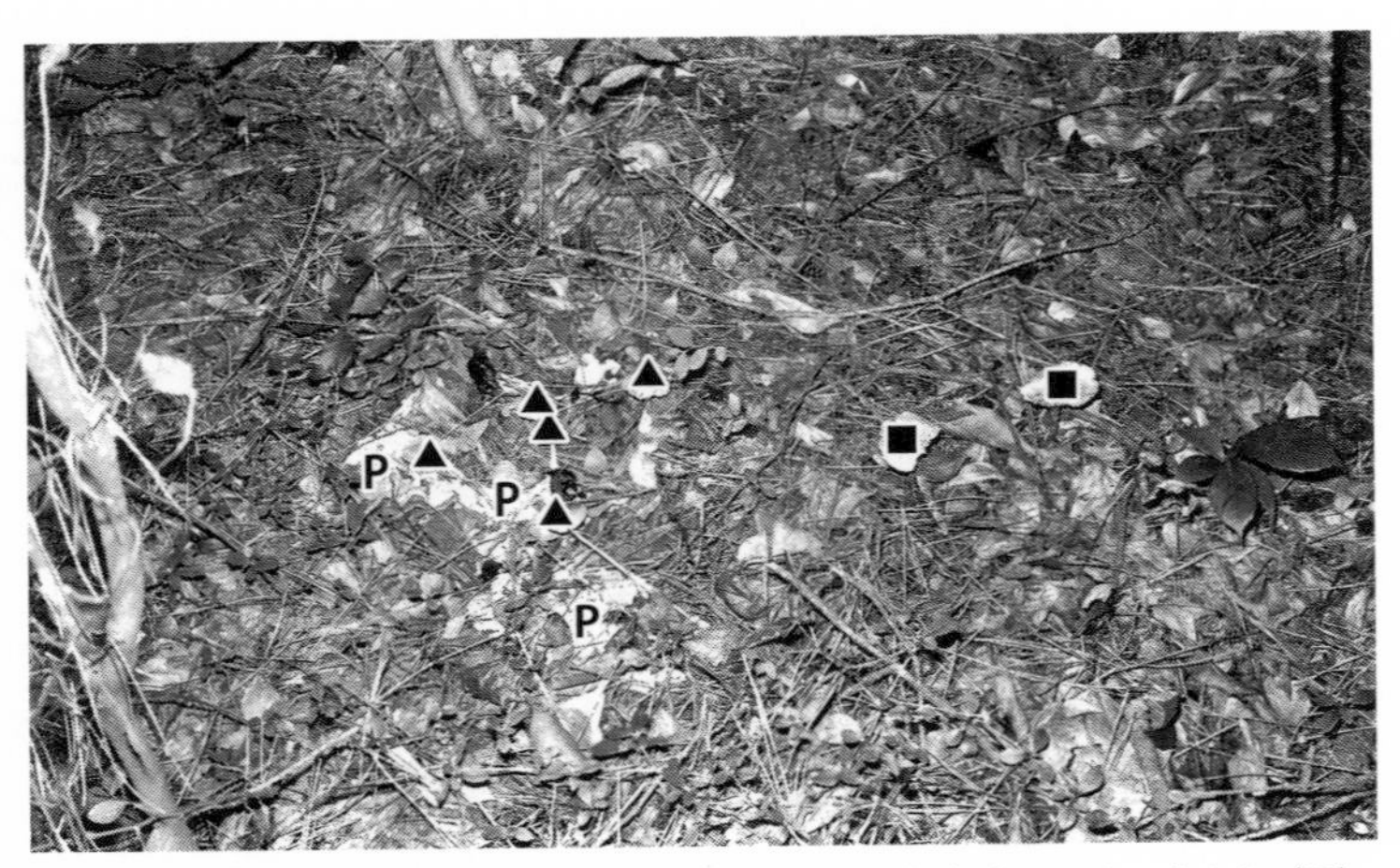

図62　紙の残骸（P）のそばに生えたアシナガヌメリ（▲）とオオキツネタケ（■）
紙の存在とこれらアンモニア菌の発生とから、ここが人の排泄跡であることがわかり、さらに、それらの位置関係から、人がどちらを向いてしゃがんだかもわかる（本文参照）。1981年10月20日、滋賀県野洲市のアカマツ林内にて撮影[210]

おき、"Forensic mycology"「鑑識菌学」という言葉を史上はじめて使うのだという気持ちであった。章の結びの部分では、遭遇した一景の写真を示し（図62）、そこがヒトの排泄跡であり、どの方向を向いてしゃがんだかまでわかるとした。

図62につけた説明文への補足として次のことがある。ここには動物死体の痕跡は認められなかったし、アンモニア源となるものを誰かが実験的に放置するような場所ではなかった。また、この地点は林内の歩道から遠くはなく、人が暫時身を隠すに手ごろな藪の陰であった。紙は大便の方に落とされたはずであり、そこにアシナガヌメリが発生している。とすると、オオキツネタケの発生位置は尿が落ちた点として妥当である。つまり、アシナガヌメリの方をうし

ろに、オオキツネタケの方を前にしてしゃがんだと判断される。この古い写真とそれが語るところは、「鑑識学」の傘の下ではじめて、純粋に科学として陽の目を見ることができた。

山中高史氏（森林総合研究所）およびチベット氏本人にも共著者に加わってもらって、でき上がった章の題は「墓や排泄所に随伴する土壌菌類：ひとつの鑑識菌学へ向けて」[210]。本の題は「鑑識腐朽学における土壌解析：埋められた人体残骸の化学的・生物学的影響」。

Forensic mycologyという言葉が使われたのは、これがはじめてとはならなかったけれども、はしりではあった。この語が世界的に使われるようになったのは、このころからである。

結果として、私（たち）が書いたものの中で今いちばん読まれているのはこの稿のようである。すこし幸せな「なれの果て」となった。

私の研究のもうひとつの柱、きのこからモグラの生態をさぐる試み（きのこ–モグラ学[202]）は、一九九九年にひとまずまとめた。論題は、「モグラ亜科モグラ類の自然史の、菌学にもとづく探求——新資料と〝生息地浄化共生〟の提言を含む総説」[201]。しかし、その後の成果も含めた、また充分な資料をそえた提示がまだできていない。「アンモニア菌」とともに日本発の学問である「きのこ–モグラ学」にも、すこし幸せななれの果てを迎えさせたいと思っている。

おわりに

本ぎらいが本を書く。勉強ぎらいがそのために勉強する。こんな哀しいことはない。それでもなおこの本が読者に訴えるものをもっているとしたら、それは自然そのものに負っていると思う。本を書く以上あたりまえのことであり、そして、できばえは心もとないけれども、世界に例のない本にはなっているはずだ。これも私がつきあってきた自然のおかげである。ただ、きのこの発生情報をお寄せくださった方々の貢献はたいへん大きかった。

本を書く約束をしたあと、文部省在外研究員として一〇か月の外国旅行に出かけた。旅行中もその約束のため、うっとうしかった。しかし、その間の見聞がこの本の中でかなりの比重を占めることになった。外国を自分の足で歩くことの大切さを今さらながら思う。そして私としては、「食べた」ものをすぐにこのような形で「排泄」させていただけたことを感謝しなければならないだろう。本文で述べた土壌小動物の糞と同様に、未消化物が多いかもしれない。

さてその外国出張でイギリスへ行くことになったとき、同僚教官の二、三人から

「イギリスにもきのこがありますか？」

と声をかけられた。その中には、私と同じ生物学担当者もいた。あまりまじめな質問ではなかったか

ら笑ってうなずいたのだが、感想として、「ぼくがDNAやRNAのことを知らないからといって小さくなることはあるまい」と思った。きのこなど菌類は、およそ生物のいるところにはどこにでもいる普遍的な存在であり、それなしに自然は成り立たないからである。きのこが「見えない」のは「いない」ことではない。まして、ほかの多くの学問同様、菌類学の発祥もヨーロッパであった。

イギリスで印象的だったのは、ほかの生物群と同様にごくふつうに菌類が研究され、学生もごくふつうに菌類の研究へ進むことだった。日本では、こうはいかない。

今はきのこブームだそうである。しかし私は、よほど隠棲しているのか、その風圧をほとんど感じない。「ほう?! そうですか?」というのが率直な反応である。産業界がきのこになみなみならぬ関心をよせていることはある程度知っている。きのこの本がわりあいよく出版されるのも知っている。しかしブームという感じはしない。生活者としてのヒトが、生活者としてのきのこの身になって自然や自身の営み、そして国土の改変をながめる気運が起こったとき、きのこは重い重い意味をもちうるだろう。

原稿の提出を約束の期限よりあまりおくらせたことはなかったが、旧版原稿に関してはめちゃくちゃになった。その当時の関係者に改めておわびする。「きのこの生物学シリーズ」の一冊として企画されたのは小川真氏(当時、農林水産省森林総合研究所)であり、当時、出版社側でお世話くださったのは中野正悌氏および久保田正秀氏である。原図を使用させてくださったウェーバー氏(N.A.Weber)、犀川政稔氏、高山栄氏、四手井淑子氏および武田博清氏に厚くお礼申しあげる。また、雑誌からの図・表の転載を許可された関係学会・出版社・著者にも同様に感謝する（原作者を示していないものはすべて自作である）。引用させていただいた論文や本の著者、および、私信や談話を引用させてくださった方々に敬意を表することは言うまでもない。旧版刊行にあたり、原稿を校閲してくださった若い学友、服部力氏（当時、京大農学部林学科）および忽那正典氏（当時、京大附属図書館）には救われた思いがしている。文章の改善には家族の助けもあり、旧版原稿の清書（ワープロ入力）はすべて家族にたよった。

新訂版刊行に際して、私的なスケッチ（図58～60）を使わせてくださった深澤遊氏に感謝する。また、8章1節は雑誌 biosphere（農村文化社）一九九二～一九九三年に連載したもの（編集者は菊地千尋氏）、2節は千葉菌類談話会通信（二〇一一年）、3節は関西菌類談話会会報（二〇一五年）、4節は「食虫類の自然史」（阿部永・横畑泰志編、比婆科学教育振興会、一九九八）に掲載したもので、それぞれに加筆・修正を加えた。再録を認めてくださった初出誌・書の発行者にお礼申し上げる。

本書はいわば分子生物学時代（現代）より前の学問である。今では、見える世界が違うと思う。それでもなお新訂版刊行の意義を認めてくださった築地書館の社長、土井二郎氏に感謝する。適切な助言とともに製作にあたってくださった橋本ひとみ氏にもお礼を言いたい。妻・昌子による支援も大きかった。

二〇二一年一月

相良直彦

（Mammalia, Insectivora）. Mycoscience 49 : 207 - 210.
(209) Sagara, N., Senn - Irlet, B. and Marstad, P. 2006. Establishment of the case of *Hebeloma radicosum* growth on the latrine of the wood mouse. Mycoscience 47 : 263 - 268.
(210) Sagara, N., Yamanaka, T. and Tibbett, M. 2008. Soil fungi associated with graves and latrines : Toward a forensic mycology. In : Soil Analysis in Forensic Taphonomy : Chemical and Biological Effects of Buried Human Remains（ed. M. Tibbett and D. Cater）, pp. 67 - 108. CRC Press, Taylor & Francis Group, Boca Raton, Florida, USA.
(211) Sagara, N. et al. 1989. Finding *Euroscaptor mizura*（Mammalia : Insectivora）and its nest from under *Hebeloma radicosum*（Fungi : Agaricales）in Ashiu, Kyoto, with data of possible contiguous occurrences of three talpine species in this region. Contr. Biol. Lab. Kyoto Univ. 27 : 261 - 272.
(212) Sagara, N. et al. 2000. *Hebeloma radicosoides* sp. nov., an agaric belonging to the chemoecological group ammonia fungi. Mycol. Res. 104 : 1017 - 1024.
(213) 相良直彦ほか　2008. 滋賀県朽木におけるミズラモグラの存在，とくに低標高の地における生息について．哺乳類科学 48：31 - 38.
(214) 斎藤紀　1992. 情報交換の活発化を期待する．biosphere No. 1：1 - 2. 農村文化社，東京.
(215) Stone, R. D. and Gorman, M. L. 1991. Mole *Talpa europaea*. In : The handbook of British mammals（ed. G. B. Corbet, G. B. and Harris, S.）, 3rd ed. pp. 44 - 49. Blackwell Scientific Publications, Oxford, U.K.
(216) Yamanaka, T. and Sagara, N. 1990. Development of basidia and basidiospores from slide - cultured mycelia in *Lyophyllum tylicolor*（Agaricales）. Mycol. Res. 94：847 - 850.
(217) Wang, Y - Z. and Sagara, N. 1997. *Peziza urinophila*, a new ammonophilic discomycete. Mycotaxon 65 : 447 - 452.

York.
(196) Sagara, N. 1992. The occurrence of *Macrolepiota rhacodes* on wood ant nests in England and on the ground in Oregon. Trans. Mycol. Soc. Japan 33 : 487 - 496.
(197) Sagara, N. 1995. Association of ectomycorrhizal fungi with decomposed animal wastes in forest habitats : a cleaning symbiosis? Can. J. Bot. 73 (Suppl. 1) : S1423 - S1433.
(198) 相良直彦　1997. アンモニア菌と腐敗跡菌. 週刊朝日百科『世界の植物』, 別冊「菌界」2, 55p. 朝日新聞社.
(199) 相良直彦　1998. 森の生物モグラ—試論. 阿部永・横畑泰志編, 食虫類の自然史, pp. 188 - 194. 比婆科学教育振興会.
(200) 相良直彦　1998. きのこを手がかりとしたモグラ類の営巣生態の調査法. 哺乳類科学 38 : 271 - 292.
(201) Sagara, N. 1999. Mycological approach to the natural history of talpid moles — a review with new data and proposal of 'habitat - cleaning symbiosis'. In : Recent Advances in the Biology of Japanese Insectivora (ed. Y. Yokohata and S. Nakamura), pp. 33 - 55. Hiba Society of Natural History, Shobara, Hiroshima.
(202) 相良直彦　2007. きのこ—モグラ学ことはじめ. 国立科学博物館ニュース No. 463 : 12 - 13.
(203) 相良直彦　2009. ミズラモグラ未離巣幼獣の初観察と飼育条件下への持ち込み. 哺乳類科学 49 : 45 - 52.
(204) Sagara, N. and Abe, H. 1993. A case of late breeding in the mole *Mogera kobeae* and its nest. J. Mamm. Soc. Japan 18 : 53 - 59.
(205) Sagara, N., Abe, H. and Okabe, H. 1993. The persistence of moles in nesting at the same site as indicated by mushroom fruiting and nest reconstruction. Can. J. Zool. 71 : 1690 - 1693.
(206) Sagara, N. and Fukasawa, Y. 2014. Inhabitant changes in long - term mole nesting at the same site, revealed by observing mushroom fruiting at the site. Mammalia 78 : 383 - 391.
(207) Sagara, N., Okabe, H. and Kikuchi, J. 1993. Occurrence of an agaric fungus *Hebeloma* on the underground nest of wood mouse. Trans. Mycol. Soc. Japan 34 : 315 - 322.
(208) Sagara, N., Ooyama, J. and Koyama, M. 2008. New causal animal for the growth of *Hebeloma radicosum* (Agaricales) : shrew, *Sorex* sp.

415 p. Longman, London.
(181) Eberhardt, U. et al. 2020. Rooting Hebelomas : The Japanese '*Hebeloma radicosum*' is a distinct species, *Hebeloma sagarae* sp. nov. (Hymenogastraceae, Agaricales). Phytotaxa 456 : 125 - 144.
(182) 吹春俊光 2009. きのこの下には死体が眠る!?—菌糸が織りなす不思議な世界—, 231 p. 技術評論社, 東京.
(183) Hofstetter, V. et al. 2014. Taxonomic revision and examination of ecological transitions of the Lyophyllaceae (Basidiomycota, Agaricales) based on a multigene phylogeny. Cryptogamie, Mycologie 35 : 390 - 425.
(184) 今泉吉典 1960. 原色日本哺乳類図鑑, 196p. 保育社, 大阪.
(185) Kaneko, A. and Sagara, N. 2002. Responses of *Hebeloma radicosum* fruit - bodies to light and gravity : negatively gravitropic and nonphototropic growth. Mycoscience 43 : 7 - 13.
(186) 糟谷大河・三上愛・橋屋誠・保坂健太郎 2017. 野外調査, 形態観察および分子系統に基づくモグラ科動物の排泄所における外生菌根形成菌の同定. 富山県中央植物園研究報告 No. 23 : 19 - 37.
(187) 川道武男 1996. 日本の哺乳類. 川道武男編, 日本動物大百科, 第1巻, 哺乳類 I, pp. 6 - 10. 平凡社, 東京.
(188) 衣川堅二郎・小川眞 (編) 2000. きのこハンドブック, 448 p. 朝倉書店, 東京.
(189) Maeno, J. et al. 2016. Identity between the fruit bodies of *Hebeloma radicosum* and the mycosymbiont in ectomycorrhizas colonizing mole latrines. Mycoscience 57 : 196 - 199.
(190) 中井真理子ほか 2016. 営巣事例に基づいて見い出された岐阜県北部におけるミズラモグラの生息地. 森林野生動物研究会誌 41 : 39 - 41.
(191) Ohta, A. 1997. Ability of ectomycorrhizal fungi to utilize starch and related substrates. Mycoscience 38 : 493 - 408.
(192) Ohta, A. 1998. Fruit - body production of two ectomycorrhizal fungi in the genus Hebeloma in pure culture. Mycoscience 39 : 15 - 19.
(193) 大園享司 2018. 基礎から学べる 菌類生態学, 259p. 共立出版, 東京.
(194) 相良直彦 1986. 日本産食虫目の体毛の型, とくに直毛 (刺毛) の存在について. 哺乳動物学雑誌 11 : 57 - 64.
(195) Sagara, N. 1992. Experimental disturbances and epigeous fungi. In :The Fungal Community, Its Organization and Role in the Ecosystem, 2nd ed. (ed. G. C. Carroll and D.T. Wicklow), pp. 427 - 454. Marcel Dekker, New

Amer. Mus. natr Hist. 23 : 669 - 807.
(166) Wheeler, W. M. 1923. Social Life among the Insects, 375 p. Harcourt, Brace, New York.
(167) Wicklow, D. T., Angel, S. K. and Lussenhop, J. 1980. Fungal community expression in lagomorph versus ruminant feces. Mycologia 72 : 1015 - 1021.
(168) Wilson, E. O. 1971. The Insect Societies, 548p. The Belknap Press of Harvard University Press, Cambridge, Massachusetts.
(169) Wood, S. N. and Cooke, R. C. 1984. Use of semi - natural resource units in experimental studies on coprophilous fungi. Trans. Br. mycol. Soc. 82 : 337 - 339.
(170) 山根爽一・山根正気　1975. スズメバチ類（Vespinae）の巣の分解・整理ならびに研究法について. 生物教材 No. 10：18 - 39.
(171) Zak, B. 1965. Aphids feeding on mycorrhizae of Douglas - fir. Forest Science 11 : 410 - 411.
(172) Zak, B. 1967. A nematode (*Meloidodera* sp.) on Douglas - fir mycorrhizae. Plant Disease Reporter 51 : 264.
〈追加〉
(173) Corner, E. J. H. 1950. A monograph of Clavaria and allied genera. Ann. Bot., Mem. 1.

〈新訂版追加〉
(174) 阿部永　1974. 二種のモグラの分布境界線における14年間の変化. 哺乳動物学雑誌 6：13 - 23.
(175) 阿部永　1996. 日本産食虫類の種名の検討. 哺乳類科学 36：97 - 108.
(176) 阿部永　1998. 日本各地にモグラを求めて—地域差と種間差の食虫類学—. 比和町立自然科学博物館・比婆科学教育振興会編, モグラたち, そして野生動物の今は, pp. 9 - 14.
(177) 阿部永　2008. アズマモグラ. 阿部永監修, 日本の哺乳類［改訂2版］, 23p. 東海大学出版会, 秦野市.
(178) Barron, G. L. 1988. Microcolonies of bacteria as a nutrient source for lignicolous and other fungi. Can. J. Bot. 66：2505 - 2510
(179) Bessette, A. E., Bessette, A. R. and Fischer, D. W. 1997. Mushrooms of northeastern North America. 600p. Syracuse University Press, Syracuse.
(180) Cooke, R. C. and Rayner, A. D. M. 1984. Ecology of saprotrophic fungi.

398 - 424. 朝倉書店，東京.
（149）武田博清　1984. 土の中の主役，トビムシ．現代林業1984年3月号：54 - 57.
（150）Tevis, L. 1953. Stomach contents of chipmunks and mantled squirrels in northeastern California. J. Mammal. 34 : 316 - 324.
（151）Thorn, R. G. and Barron, G. L. 1984. Carnivorous mushrooms. Science 224 : 76 - 78.
（152）Trappe, J. M. and Maser, C. 1977. Ectomycorrhizal fungi : interactions of mushrooms and truffles with beasts and trees. In : Mushrooms and Man, an Interdisciplinary Approach to Mycology（ed. T. Walters）, pp. 165 - 179. Forest Service, U. S. D. A.
（153）椿啓介　1978. *Rhopalomyces strangulatus* Thaxt．宇田川俊一ほか編，菌類図鑑　上，pp. 301 - 302. 講談社，東京.
（154）Twinn, D. C. 1974. Nematodes. In : Biology of Plant Litter Decomposition II（ed. C. H. Dickinson and G. J. F. Pugh）, pp. 421 - 465. Academic Press, London and New York.
（155）Ure, D. C. and Maser, C. 1982. Mycophagy of red - backed voles in Oregon and Washington Can. J. Zool. 60 : 3307 - 3315.
（156）宇田川俊一・古谷航平　1979. 糞生菌類の世界．遺伝33（10）：75 - 84.
（157）和田一雄　1979. 野生ニホンザルの世界——志賀高原を中心とした生態，258p．講談社，東京.
（158）渡辺昌平　1978. 医真菌．宇田川俊一ほか編，菌類図鑑　上，pp. 123 - 134. 講談社，東京.
（159）渡辺昌平　1981. 医学領域における皮膚真菌の生態．微生物生態研究会編，微生物の生態9, pp. 79 - 94. 学会出版センター，東京.
（160）Watling, R. 1978. The distribution of larger fungi in Yorkshire. Naturalist 103 : 39 - 57.
（161）Weber, N. A. 1966. Fungus - growing ants. Science 153 : 587 - 604.
（162）Weber, N. A. 1979. Fungus - culturing by ants. In : Insect - Fungus Symbiosis（ed. L. R. Batra）, pp. 77 - 116. Allanheld, Osmun, Montclair, N. J.
（163）Webster, J. 1970. Coprophilous fungi. Trans. Br. mycol. Soc. 54 : 161 - 180.
（164）Weimann 1940. Leichenflora. Handwörterbuch d. Gerichtlichen Medizin u. Naturwiss. Kriminalistik, p. 444. Springer.
（165）Wheeler, W. M. 1907. The fungus - growing ants of North America. Bull.

(132) 斎藤紀　1975. 科学版“糞土の墻”. 蟻塔 21 (6) : 4 - 7.
(133) 斎藤紀・相馬潔　1980. 土壌生態系における微生物の役割. 遺伝 34 (2) : 50 - 57.
(134) Sands, W. A. 1969. The association of termites and fungi. In : Biology of Termites 1 (ed. K. Krishna and F. M. Weesner), pp. 495 - 524. Academic Press, New York and London.
(135) 七条小次郎ほか　1970. しいたけ胞子アレルギー. 日本臨床 28 : 149 - 158.
(136) 清水大典　1979. 冬虫夏草, 97p. ニュー・サイエンス社, 東京.
(137) 清水大典　1986. 異世界の構造物＝冬虫夏草. 森毅編, キノコの不思議, pp.173 - 187. 光文社, 東京.
(138) 清水大典・伊沢正名　1988. カラー版きのこ, 見分け方食べ方, 335p. 家の光協会, 東京.
(139) 四手井淑子　1978. シロアリの巣の茸と初対面の記. 日菌報 19 : 230.
(140) 正田陽一　1981. 世界の牛肉あれこれ. 自然 36 (6) : 18 - 19.
(141) Singer, R. 1986. The Agaricales in Modern Taxonomy, 981 p. Koeltz Scientific Books, Koenigstein.
(142) Smith, C. C. 1965. lnterspecific competition in the genus of tree squirrels *Tamiasciurus*. Univ. Wash., Seattle, Ph. D. thesis, 269 p. Cited by Fogel and Trappe (1978).
(143) Sutherland, J. R. and Fortin, J. A. 1968. Effect of the nematode *Aphelenchus avenae* on some ectotrophic, mycorrhizal fungi and on a red pine mycorrhizal relationship. Phytopathology 58 : 519 - 523.
(144) 鈴木彰　1987. アンモニア菌. 日本菌学会ニュース 1987 - 1 : 13 - 18.
(145) Swift, M. J. 1982. Basidiomycetes as components of forest ecosystems. In : Decomposer Basidiomycetes : their Biology and Ecology (ed. J. C. Frankland, J. N. Hedger and M. J Swift), pp. 307 - 337. Cambridge University Press, Cambridge.
(146) Swift, M. J. and Boddy, L. 1984. Animal - microbial interactions in wood decomposition. In : Invertebrate–Microbial Interactions (ed. J. M. Anderson, A. D. M. Rayner and D. W. H. Walton), pp. 89 - 131. Cambridge University Press, Cambridge.
(147) 立川賢一・村上興正　1976. アカネズミの食物利用について. 生理生態 17 : 133 - 144.
(148) 高橋善次郎　1982. マッシュルーム. 中村克哉編, キノコの事典, pp.

report). Trans. mycol. Soc. Japan 14 : 41 - 46.
(115) Sagara, N. 1975. Ammonia fungi – a chemoecological grouping of terrestrial fungi. Contr. biol. Lab. Kyoto Univ. 24 : 205 - 276.
(116) 相良直彦　1976. アンモニア菌類の増殖. 微生物生態研究会編, 微生物の生態3, pp. 153 - 178. 東京大学出版会, 東京.
(117) Sagara, N. 1976. Presence of a buried mammalian carcass indicated by fungal fruiting bodies. Nature, Lond., 262 : 816.
(118) Sagara, N. 1978. The occurrence of fungi in association with wood mouse nests. Trans. mycol. Soc. Japan 19 : 201 - 214.
(119) Sagara, N. 1980. Not mouse but mole. Trans. mycol. Soc. Japan 21 : 519.
(120) Sagara, N. 1981. Occurrence of *Laccaria proxima* in the grave site of a cat. Trans. mycol. Soc. Japan 22 : 271 - 275.
(121) 相良直彦　1981. せみのあなたけ. インセクタリウム 18：310 - 312.
(122) 相良直彦　1982. モグラおよびヒミズの便所からきのこが出現する. 野ねずみ No.168：11 - 15.
(123) 相良直彦　1983. きのこと動物. アニマ 11 (10)：96 - 101.
(124) 相良直彦　1985. 動物の遺体や排泄物の行方. 沼田真監修, 現代生物学大系 12b , pp.75 - 78. 中山書店, 東京.
(125) Sagara, N. 1989. European record of the presence of a mole's nest indicated by a particular fungus. Mammalia 53 : 301 - 305.
(126) 相良直彦・小林恒明　1979. クロスズメバチの巣跡からキノコ. インセクタリウム 16：212 - 215.
(127) Sagara, N., Murakami, Y. and Clémençon, H. 1988. Association of *Hebeloma radicosum* with a nest of the Wood Mouse *Apodemus*. Mycologia Helvetica 3 : 27 - 35.
(128) 相良直彦・高山栄　1982. ボーイスカウト (？) の野外便所跡に発生したナガエノスギタケ. Nature Study 28 (9)：3 - 4.
(129) Sagara, N. et al. 1981. The occurrence of *Hebeloma spoliatum* and *Hebeloma radicosum* on the dung - deposited burrows of *Urotrichus talpoides* (shrew mole). Trans. mycol. Soc. Japan 22 : 441 - 455.
(130) Sagara, N. et al. 1985. Association of two *Hebeloma* species with decomposed nests of vespine wasps. Trans. Br. mycol. Soc. 84 : 349 - 352.
(131) Saikawa, M. and Wada, N. 1986. Adhesive knobs in *Pleurotus ostreatus* (the oyster mushroom), as trapping organs for nematodes. Trans. mycol. Soc. Japan 27 : 113 - 118.

(99) Newell, K. 1980. The effect of grazing by litter arthropods on the fungal colonization of leaf litter. Ph. D. thesis, University of Lancaster. Cited by Cooke and Rayner (1984).
(100) Nicholson, P. B., Bocock, K. L. and Heal, O. W. 1966. Studies on the decomposition of the faecal pellets of a millipede (*Glomeris marginata* (Villers)). J. Ecol. 54 : 755 - 767.
(101) 小川真　1978. ［マツタケ］の生物学，326p．築地書館，東京.
(102) 小川真　1983. ［きのこ］の自然誌，244p．築地書館，東京.
(103) 太田嘉四夫　1968. 北海道産ネズミ類の生態的分布の研究. 北大演研報 26：223 - 295.
(104) 大谷吉雄　1982. 特集によせて――多様な昆虫と菌類との関係――. 遺伝 36（12）：2 - 3.
(105) 大谷吉雄　1982. シロアリの栽培する菌類. 遺伝36（12）：8 - 12.
(106) 尾崎研一　1986. タイワンリスの食物と採食行動. 哺動学誌11：165 - 172.
(107) Parkinson, D., Visser, S. and Whittaker, J. B. 1979. Effects of collembolan grazing on fungal colonization of leaf litter. Soil Biol. and Biochem. 11 : 529 - 535.
(108) Persson, T. et al. 1980. Trophic structure, biomass dynamics and carbon metabolism of soil organisms in Scots pine forest. In : Structure and Function of Northern Coniferous Forests - An Ecosystem Study (ed. T. Persson), pp. 419 - 459. Cited by Anderson and Ineson (1984).
(109) Petersen, P. M. 1970. Changes of the fungus flora after treatment with various chemicals. Bot. Tidsskr. 65 : 264 - 280.
(110) Petch, T. 1906. The fungi of certain termite nests. Ann. R. bot. Gdns Peradeniya 3 : 185 - 270.
(111) Rayner, A. D. M., Watling, R. and Frankland, J. C. 1985. Resource relations - an overview. In : Developmental Biology of Higher Fungi (ed. D. Moore, L. A. Casselton, D. A. Wood and J. C. Frankland), pp. 1 - 40. Cambridge University Press, Cambridge.
(112) Rea, C. 1922. British Basidiomycetaceae, 799p. Cambridge.
(113) Riffle, J. W. 1967. Effect of an *Aphelenchoides* species on the growth of a mycorrhizal and a pseudomycorrhizal fungus. Phytopathology 57 : 541 - 544.
(114) Sagara, N. 1973. Proteophilous fungi and fireplace fungi (a preliminary

- term forest productibility, 6p. Proceedings, Pacific Northwest Bioenergy Systems : Policies and Applications. May 10 and 11, 1984.
(81) Maser, C. et al. 1986. The northern flying squirrel : a mycophagist in southwestern Oregon. Can. J. Zool. 64 : 2086 - 2089.
(82) Massee, G. and Salmon, E. S. 1902. Researches on coprophilous fungi. II. Ann. Bot. 16 : 57 - 93. Cited by Webster（1970）.
(83) 松本忠夫　1977．熱帯アジアのシロアリ探検．自然32（4）：50 - 60.
(84) 松本忠夫　1983．社会性昆虫の生態，257p．培風館，東京.
(85) 松本忠夫　1983．きのこを栽培するアリ．アニマ11（10）：102 - 104.
(86) Matsuura, M. 1984. Comparative biology of the five Japanese species of the genus *Vespa* (Hymenoptera, Vespidae). Bull. Fac. Agric., Mie Univ., No. 69, pp. 1 - 131.
(87) 松浦誠　1988．スズメバチはなぜ刺すか，291+vii p．北海道大学図書刊行会，札幌.
(88) 松浦誠・山根正気　1984．スズメバチ類の比較行動学，428p．北海道大学図書刊行会，札幌.
(89) Merrill, W. and Cowling, E. B. 1966. Role of nitrogen in wood deterioration : amount and distribution of nitrogen in fungi. Phytopathology 56 : 1083 - 1090.
(90) 三井康　1981．土壌線虫の生活型．土壌微生物研究会編，土の微生物，pp.230 - 233．博友社，東京.
(91) 三浦宏一郎　1978．昆虫寄生菌類，宇田川俊一ほか編，菌類図鑑　上，pp.79 - 81．講談社，東京.
(92) Möller, A. 1893. Die Pilzgärten einiger südamerikanischer Ameisen. Bot. Mitth. aus den Tropen 6 : 1 - 127.
(93) 森永力　1982．糞生菌類の生態的検討．微生物生態研究会編，微生物の生態10：111 - 128．学会出版センター，東京.
(94) Morinaga, T. and Arimura, T. 1984. Degradation of crude fiber during the fungal succession on deer dung. Trans. mycol. Soc. Japan 25 : 93 - 99.
(95) Moser, M. and Haselwandter, K. 1983. Ecophysiology of mycorrhizal symbioses. Ency - clopedia of Plant Physiology, N, S. 12 C, pp. 391 - 421.
(96) 村上康明　1983．キノコを食う昆虫たち．植物と自然17：18 - 21.
(97) 村田義一　1976．ネズミの食べたキノコ．日菌報17：85 - 87.
(98) 中沢次夫ほか　1981．しいたけ栽培者肺——しいたけ胞子に起因する過敏性肺炎——．日胸40：934 - 938.

Soc. Japan 2 : 1.
(66) 小林義雄　1975. 菌類の世界，252p．講談社，東京.
(67) Kobayasi, Y. 1981. Revision of the genus *Cordyceps* and its allies. 1. Bull. natn. Sci. Mus., Ser. B, 7 : 1 - 13.
(68) 小林義雄・清水大典　1983. 冬虫夏草菌図譜，280p．保育社，大阪.
(69) 黒柳悦治ほか　1982. ネコの死体埋葬地にナガエノスギタケが発生. 日菌報 23：485 - 488.
(70) Lamont, B. B., Ralph, C. S. and Christensen, P. E. S. 1985. Mycophagous marsupials as dispersal agents for ectomycorrhizal fungi on *Eucalyptus calophylla* and *Gastrolobium bilobum*. New Phytol. 101 : 651 - 656.
(71) Li, C. Y. et al. 1986. Role of three rodents in forest nitrogen fixation in western Oregon : another aspect of mammal - mycorrhizal fungus - tree mutualism. Great Basin Naturalist 46 : 411 - 414.
(72) Lincoff, G. H. 1981. The Audubon Society Field Guide to North American Mushrooms, 926 p. A. Knopf, New York.
(73) Littledyke, M. and Cherrett, J. M. 1976. Direct ingestion of plant sap from cut leaves by the leaf - cutting ants *Atta cephalotes* (L.) and *Acromyrmex octospinosus* (Reich). Bull entomol. Res. 66 : 205 - 217.
(74) Lodha, B. C. 1974. Decomposition of digested litter. In : Biology of Plant Litter Decomposition (ed. C. H. Dickinson and G. J. H. Pugh) 1, pp. 213 - 241. Academic Press, London and New York.
(75) Madelin, M. F. 1968. Fungal parasites of invertebrates. The Fungi III (ed. G. C. Ainsworth and S. Sussman), pp. 227 - 238. Academic Press, New York and London.
(76) Mäkinen, Y. and Pohjola, A. 1969. Three discomycetous genera new to Finland. Karstenia 9 : 5 - 8.
(77) Martin, M. M. 1979. Biochemical implications of insect mycophagy. Biol. Rev. 54 : 1 - 21.
(78) Maser, Z., Maser, C. and Trappe, J. M. 1985. Food habits of the northern flying squirrel (*Glaucomys sabrinus*) in Oregon. Can. J. Zool. 63 : 1084 - 1088.
(79) Maser, C. and Trappe, J. M. 1984. The Seen and Unseen World of the Fallen Tree, 56p. U. S. D. A. Forest Service and U. S. D. I. Bureau of Land Management, General Technical Report PNW - 164.
(80) Maser, C., Trappe, J. M. and Li, C. Y. 1984. Large woody debris and long

(ed. J. R. Flowerdew, J. Gurnell and J. H. W. Gipps), pp. 141 - 168. Clarendon Press, Oxford.
(46) Harper, J. E. 1962. A comparative ecological study of the fungi on rabbit dung. Ph. D. thesis, Sheffield University. Cited by Webster (1970).
(47) 長谷川篤彦　1980. 動物からヒトに感染する真菌類. 遺伝34 (4) : 37 - 42.
(48) 橋本治二　1975. セミの生態と観察, 80p. ニュー・サイエンス社, 東京.
(49) 林康夫　1982. 甲虫が利用する菌類. 遺伝36 (12) : 4 - 7.
(50) Hervey, A., Rogerson, C. T. and Leong, I. 1977. Studies on fungi cultivated by ants. Brittonia 29 : 226 - 236.
(51) Hilton, R. N. 1978. The ghoul fungus, *Hebeloma* sp. ined. Trans. mycol. Soc. Japan. 19 : 418.
(52) 本郷次雄　1963. 腹菌類2種の新産地. 日菌報4 : 111 - 112.
(53) Hubbard, H. G. 1896. Ambrosia beetles. Yearb. U. S. Dep. Agric., pp. 421 - 430.
(54) Hubbard, H. G. 1897. The ambrosia beetles of the United States. Bull. Div. Ent., U. S. Dep. Agric., No.7 (N. S.) : 9 - 30.
(55) Huber, J. 1905. Über die Koloniengründung bei *Atta sexdens*. Biol. Centralbl. 25 : 606 - 619.
(56) Hudson, H. J. 1972. Fungal Saprophytism, 68p. Edward Arnold, London.
(57) 一戸正勝・松井泰夫　1981. 臨床材料からのキノコの分離例. Medical Technology 9 : 280 - 282.
(58) 今泉吉典　1973. ヤチネズミ. 動物の大世界百科　pp. 3791–3793. 日本メール・オーダー社, 東京.
(59) 今関六也　1987. きのこそして菌を学ぶ心. 今関六也・本郷次雄編著, 原色日本新菌類図鑑 (I), pp. 287 - 296. 保育社, 大阪.
(60) 伊沢紘生　1983. 金華山島のニホンザルの生態学的研究. 宮城教育大学紀要18 : 24 - 46.
(61) Janczewski, E. von G. 1871. Morphologishe Untersuchungen über *Ascobolusfurfuraceus*. Bot. Ztg. 29 : 257 - 262. Cited by Webster (1970).
(62) 加藤順　1985. ニホンリスの食物と貯食行動. 日生態会誌35 : 13 - 20.
(63) 菊池泰二　1979. 糞も餌のうち. 自然34 (12) : 18 - 19.
(64) 小林享夫　1982. マツの枯損に関係する昆虫と菌類. 遺伝36 (12) : 33 - 39.
(65) Kobayasi, Y. 1959. *Onygena corvina* in field and in culture. Trans. mycol.

A. A. 1974, Decomposition of wood. In : Biology of Plant Litter Decomposition (ed. C. H. Dickinson and G. J. F. Pugh), pp. 129 - 174. Academic Press, London and New York.
(30) Dindal, D. L. 1978. Soil organisms and stabilizing wastes. Compost Science and Land Utilization, July and August 1978 : 8 - 12.
(31) Ellis, J. J. 1963. A study of *Rhopalomyces elegans* in pure culture. Mycologia 55 : 183 - 198.
(32) Ellis, J. J. and Hesseltine, C. W. 1962. *Rhopalomyces* and *Spinellus* in pure culture and the parasitism of *Rhopalomyces* on nematode eggs. Nature, Lond., 193 : 699 - 700.
(33) 遠藤正喜　1978. イカタケの新産地と新生育場所：大分県下のもみがら捨場における発生. 日菌報 19：226.
(34) Escherich, K. 1909. Die Termiten oder Weissen Ameisen, 198p. W. Klimkardt, Leipzig.
(35) Escherich, K. 1911. Termitenleben auf Ceylon. 262p. G. Fischer, Jena.
(36) ファーブル, J. H.　1903. 昆虫記, 第16分冊（山田吉彦訳）. 岩波書店, 東京, 1951.
(37) ファーブル, J. H.　1907. 昆虫記, 第20分冊（山田吉彦・林達夫訳）. 岩波書店, 東京, 1934.
(38) Faulkner, L. R. and Darling, H. M. 1961. Pathological histology, hosts, and culture of the potato rot nematode. Phytopathology 5 : 778 - 786.
(39) Fogel, R. 1975. Insect mycophagy : a preliminary bibliography. USDA Forest Service General Technical Report PNW - 36, 21p.
(40) Fogel, R. and Trappe, J. M. 1978. Fungus consumption (mycophagy) by small animals. Northwest Science 52 : 1 - 31.
(41) Giltrap, N. J. 1982. *Hebeloma* spp. as mycorrhizal associates of birch. Trans. Br. mycol. Soc. 79 : 157 - 160.
(42) Grönwall, 0. and Pehrson, Å. 1984. Nutrient content in fungi as a primary food of the red squirrel *Sciurus vulgaris* L. Oecologia 64 : 230 - 231.
(43) Hall, J. G. 1981. A field study of the Kaibab squirrel in Grand Canyon National Park. Wild1. Monogr. No. 76 : 5 - 54.
(44) 浜武人・小沢孝弘　1977. マツノクロホシハバチ繭寄生菌 *Cordyceps* sp. について（第 1 報）. 日菌報 18：318 - 327.
(45) Hansson, L. 1985. The food of bank voles, wood mice and yellow - necked mice. In : The Ecology of Woodland Rodents Bank Voles and Wood Mice

West, January 1979 : 1 - 4.
(16) Booth, C. 1971. Fungal culture media. In : Methods in Microbiology 4 (ed. C. Booth), pp. 49 - 94. Academic Press, London.
(17) Breitenbach, J. 1979. Untersuchung einer aspektbildenden Pilzsukzession auf Vogeldung. Z. Mykol. 45 (1) : 15 - 34
(18) Buller, A. H. R. 1909. Researches on Fungi I, 287p. Longmans, Green, London.
(19) Buller, A .H. R. 1922. Researches on Fungi II, 492p. Longmans, Green, London.
(20) Buller, A.H. R. 1931. Researches on Fungi IV, 329p. Longmans, Green, London.
(21) Cayrol, J. C., Combettes, S. and Laborde, J. 1974. Comparaison de la tolérance des deux espèces d'agaric *Agaricus bisporus* Lange et *A. edulis* Vitt. Moll et Schaeff vis - a - vis du nematode mycophage *Ditylenchus myceliophagus* J. B. Goodey 1958. Mushroom Science IX : 305 - 312.
(22) Charnley, A. K. 1984. Physiological aspects of destructive pathogenesis in insects by fungi : a speculative review. In : Invertebrate - Microbial Interactions (ed. J. M. Anderson, A. D. M. Rayner and D. W. H. Walton), pp. 229 - 270. Cambridge University Press, Cambridge.
(23) Cheal, D. C. 1987. The diets and dietary preferences of *Rattus fusipes* and *Rattus luteolus* at Walkerville in Victoria, Australia. Aust. Wild1. Res. 14 : 35 - 44.
(24) 近安和雄　1978. イカタケの新産地と新生育場所：高知県下のもみがら捨場における発生. 日菌報19：227 - 229.
(25) Coleman, D. C. et al. 1984. Soil nutrient transformations in the rhizosphere via animal - microbial interactions. In : Invertebrate - Microbial Interactions (ed. J. M. Anderson, A. D. M. Rayner and D. W. H. Walton), pp. 35 - 58. Cambridge University Press, Cambridge.
(26) Commonwealth Mycological Institute, CAB. Mites, 3p. (pamphlet).
(27) クック, R. C.　1977. 菌類と人間, 249+7p. (三浦宏一郎・徳増征二訳). 共立出版, 東京, 1980.
(28) Cooke, R. C. and Rayner, A. D. M. 1984. Ecology of Saprotrophic Fungi, 415p. Longman Group, Harlow, U. K.
(29) Cowling, E. V. 1970. Acta Univ. Upsal. Dissert. Sci. 164. Cited by Käärik,

引用文献

(1)　阿部永　1967．エゾリスの生態についての二，三の知見．哺動学誌3：118 - 124.

(2)　安部琢哉　1978．熱帯多雨林におけるシロアリの役割．遺伝32（6）：42 - 50.

(3)　安部琢哉　1980．栽培するシロアリ．アニマ8（10）：13 - 17.

(4)　安部琢哉　1985．シロアリの生活様式と進化．創造の世界55：6 - 39.

(5)　安部琢哉　1986．シロアリのキノコ栽培．森毅編，キノコの不思議，pp.240 - 253．光文社，東京．

(6)　Alsheikh, A. M. and Trappe, J.M. 1983. Taxonomy of *Phaeangium lefebvrei*, a desert truffle eaten by birds. Can. J. Bot. 61 : 1919 - 1925.

(7)　Anderson, J.M. and Ineson, P. 1984. Interactions between microorganisms and soil invertebrates in nutrient flux pathways of forest ecosystems. In : Invertebrate - Microbial Interactions (ed. J. M. Anderson, A. D. M. Rayner and D. W. H. Walton), pp. 59 - 88. Cambridge University Press, Cambridge.

(8)　Anderson, J.M., Rayner, A. D. M. and Walton, D. W. H. (ed.) 1984. Invertebrate - Microbial Interactions (British Mycological Society Symposium ; 6), 349p. Cambridge University Press, Cambridge.

(9)　Anderson, R. V. 1964. Feeding of *Ditylenchus destructor*. Phytopathology 54 : 1121 - 1126.

(10)　青木淳一　1973．土壌動物学，814p．北隆館，東京

(11)　Barron, G. L. 1973. Nematophagous fungi : *Rhopalomyces elegans*. Can. J. Bot. 51 : 2505 - 2507.

(12)　Barron, G. L. 1977. The Nematod–Destroying Fungi, 140p. Canadian Biological Publications, Guelph.

(13)　Batra, L. R. and Batra, S. W. T. 1979. Termite - fungus mutualism. In : Insect - Fungus Symbiosis (ed. L. R. Batra), pp. 117 - 163. Allanheld, Osmun, Montclair, N. J.

(14)　Batra, S. W. T. and Batra, L. R. 1967. The fungus gardens of insects. Scientific American 217 (5) : 112 - 120.

(15)　Bergstrom, D. 1979. Small mammals traffic in truffles. Forestry Research

学名・欧語索引

【ヤ行】

【ラ行】

【ワ行】

【マ行】

【ハ行】

【ナ行】

【タ行】

【サ行】

【カ行】

索　引

著者紹介

相良直彦（さがら なおひこ）

略歴

1938年、大分県に生まれる

1960年、京都大学農学部卒業

1962年、京都大学大学院農学研究科修士課程修了

1966年、京都大学大学院農学研究科博士課程退学、京都大学教養部助手

1975年、京都大学教養部助教授、1989年、同教授

1992年、京都大学大学院人間・環境学研究科教授（改組、配置換え）

2001年、定年退職（63歳）

2001～2003年、京都工芸繊維大学非常勤講師

2001～2008年、龍谷大学非常勤講師

農学博士、京都大学名誉教授

尿、糞、死体などが朽ち果てた後（跡）に生える一群の菌類を発見し、生態群「アンモニア菌」「腐敗跡菌」を確立した。また、モグラの生態研究にも独自の道を開いた。

定年後の活動

2001～2008年、京都に半年（研究継続、非常勤講師）、郷里大分県の山間地に半年（百姓）。「百姓ハ百生ナリ、何でもやる」。2009年以降、郷里に独居、百姓継続。2011年以降、「やまくに山村塾」（成人向き勉強会）主宰。2014年、わな猟狩猟免許取得。2016年、伐木等（チェインソー）業務資格取得。2018年、車両系建設機械（油圧ショベル、ブルドーザーなど）運転免許取得。山林を（個人で）所有することを勧めている。

きのこと動物
森の生命連鎖と排泄物・死体のゆくえ

2021年5月20日　初版発行

著　者　　相良直彦
発行者　　土井二郎
発行所　　築地書館株式会社
〒104-0045 東京都中央区築地7-4-4-201
TEL. 03-3542-3731　FAX. 03-3541-5799
http://www.tsukiji-shokan.co.jp/
振替 00110-5-19057
印刷・製本　中央精版印刷株式会社
装　丁　　吉野 愛

　ISBN978-4-8067-1615-0

● 築地書館の本 ●

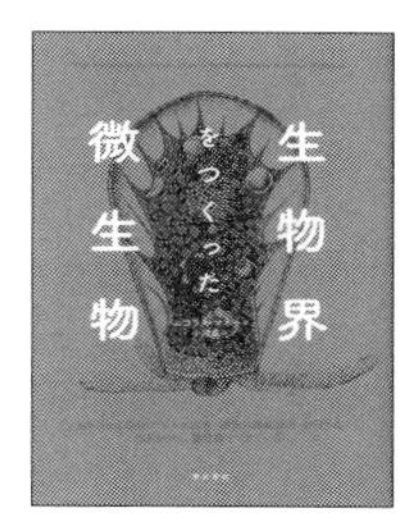

ニコラス・マネー［著］小川真［訳］
2400 円＋税

生きものは微生物でできている！

葉緑体からミトコンドリアまで、生物界は微生物の集合体であり、動物や植物は、微生物が支配する生物界のほんの一部にすぎない。

単細胞の原核生物や藻類、菌類、バクテリア、古細菌、ウイルスなど、その際立った働きを紹介しながら、我々を驚くべき生物の世界へと導いてくれる。

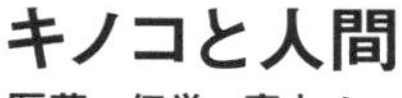

医薬・幻覚・毒キノコ

ニコラス・マネー［著］小川真［訳］
2400 円＋税

キノコの驚くべき進化史、胞子を飛ばす仕組み、
植物との共生関係、
古代ギリシャから現代までのキノコ研究史、
現代栽培キノコ事情、放射能とキノコから、
毒キノコの見分け方と中毒の歴史、
マジックマッシュルームの幻覚作用の仕組み、
医薬品とキノコの怪しい関係までを、
菌類研究の第一人者が、解き明かす。